Zahlenzauber 3

Arbeitsheft
für die Grundschule

Allgemeine Ausgabe

Erarbeitet von
Bettina Betz
Angela Bezold
Ruth Dolenc-Petz
Hedwig Gasteiger
Carina Hölz
Petra Ihn-Huber
Christine Kullen
Elisabeth Plankl
Beatrix Pütz
Carola Schraml
Karl-Wilhelm Schweden

Unter Beratung von
Juliane Leuders

Illustriert von
Mathias Hütter
Renate Möller

scook

Deine **interaktiven Gratis-Übungen** findest du hier:

1. Gehe auf scook.de.
2. Gib den unten stehenden Zugangscode in die Box ein.
3. Hab viel Spaß mit deinen Gratis-Übungen.

Dein Zugangscode auf
www.scook.de

Die Gratis-Übungen können dort nach Bestätigung der allgemeinen Geschäftsbedingungen genutzt werden.

8868a-khhfu

Oldenbourg Schulbuchverlag, München

Ergebnisse überprüfen

In diesem Heft findest du ein **Lösungsheft**.
So kannst du damit arbeiten:
Fülle alle Aufgaben einer Seite komplett aus.
Wenn du nachgerechnet hast, darfst du mit dem Lösungsheft vergleichen.

Zeichenerklärung

☆	Aufgaben für Mathe-Experten
(Würfel)	Offene Aufgaben
(Buch)	Schreibe die Aufgabe in dein Lerntagebuch.
SB S. 4/5	Vergleiche dazu diese Seite im Schulbuch.
Grundwissen-Seiten	Das solltest du wissen.
Bist-du-fit-Seiten	Hier kannst du noch üben.

Farberklärung

Zahlen und Operationen
Zahlen erfassen

Zahlen und Operationen
Plus- und Minusrechnen bis 100
Plus- und Minusrechnen bis 1000
Malnehmen und Teilen

Sachsituationen

Größen und Messen

Daten, Häufigkeiten, Wahrscheinlichkeiten

Raum und Form

Grundwissen/Bist-du-fit?

Inhaltsverzeichnis

Titel	AH-Seite	SB-Seite
Ferienerinnerungen	4	4/5
Hunderter, Zehner, Einer ①	5	6/7
Hunderter, Zehner, Einer ②	6	6/7
100 und über 100 hinaus	7	8/9
Addieren ⊕ über den Zehner	8	10
Subtrahieren ⊖ über den Zehner	9	11
Verschiedene Rechenwege ⊕	10	12
Verschiedene Rechenwege ⊖	11	13
Rechendreiecke	12	15
Wie Kinder ihre Freizeit verbringen ①	13	16/17
Wie Kinder ihre Freizeit verbringen ②	14	16/17
In einer alten Ritterburg	15	18/19
Ritterburg und Schlossgespenst	16	20/21
Grundwissen ①	17	22/23
Bist du fit? ①	18	22/23
Viele Möglichkeiten	19	24/25
Einmaleins üben ①	20	26/27
Einmaleins üben ②	21	26/27
Einmaleins üben ③	22	26/27
Einmaleins-Verwandtschaften ①	23	28/29
Einmaleins-Verwandtschaften ②	24	28/29
Multiplizieren ⊙ und Dividieren (:) gehören zusammen ①	25	30/31
Multiplizieren ⊙ und Dividieren (:) gehören zusammen ②	26	30/31
Multiplizieren ⊙ und Dividieren (:) gehören zusammen ③	27	30/31
Beim Dividieren bleibt manchmal ein Rest	28	32/33
Preise mit Komma und Strich	29	34/35
Auf dem Volksfest	30	36/37
Wahrscheinlich – unmöglich	31	38/39
Tausender, Hunderter, Zehner, Einer	32	40/41
1000 – eine überschaubare Zahl	33	42/43
Legen, spielen, rechnen mit der Stellenwerttafel	34	44/45
1000 – auf dem Zahlenstrahl	35	46/47
Grundwissen ②	36	48/49
Bist du fit? ②	37	48/49
Kopfrechnen bis 1000 ①	38	50/51
Kopfrechnen bis 1000 ②	39	50/51
Addition bis 1000 – Rechenwege ①	40	52/53
Addition bis 1000 – Rechenwege ②	41	52/53
Subtraktion bis 1000 – Rechenwege ①	42	54/55
Subtraktion bis 1000 – Rechenwege ②	43	54/55
Körper	44	56
Der Würfel – ein besonderer Quader	45	57
Körper in der Umwelt	46	58/59
Würfelnetze	47	60/61
Rechentricks bei ⊕ und ⊖	48	62/63
Glücksräder erforschen	49	64/65
Skizzen zeichnen	50	66/67
Rätsel aus dem Knobelbuch	51	68/69
So groß bin ich schon!	52	70/71
Optische Täuschungen	53	72/73
Symmetrische Figuren	54	74/75
Bilder erspiegeln – symmetrisch ergänzen	55	76/77
Grundwissen ③	56	78/79
Bist du fit? ③	57	78/79
Schriftlich addieren	58	80/81
Vorsicht Fehler! ⊕	59	82
Übung macht den Meister ⊕	60	83
Von Gewichten und vom Wiegen	61	84/85
Schulranzen-TÜV	62	86/87
Schriftlich subtrahieren	63	88/89, 92/93
Subtrahieren mit Nullen	64	90/91
Vorsicht Fehler! ⊖	65	94
Übung macht den Meister ⊖	66	95
Nun bin ich fit bei ⊕ und ⊖	67	96/97
Rechte Winkel und parallele Linien	68	98/99
Geldscheine	69	100/101
Rund ums Rad	70	102/103
Ein Kilometer – 1000 Meter	71	104/105
Multiplizieren ⊙ und Dividieren (:) mit 10 und 100	72	110/111
Multiplizieren ⊙ und Dividieren (:) mit Zehnerzahlen	73	112/113
Grundwissen ④	74	114/115
Bist du fit? ④	75	114/115
Genaue und ungefähre Angaben	76	116/117
Den Umfang und die Fläche bestimmen	77	118/119
Am Geobrett: Fläche, Umfang, Symmetrie	78	120/121
Vergrößern	79	122
Verkleinern	80	123
Denken, rechnen, knobeln	81	124/125
Überschlagen und überprüfen	82	126/127
Sekunden – Minuten – Stunden	83	128/129
Eine Reise nach Berlin	84	130/131
Parkette ①	85	132/133
Parkette ②	86	132/133
Grundwissen ⑤	87	134/135
Bist du fit? ⑤	88	134/135

SB S. 4/5

Finde zu den Texten die passenden Fragen, Rechnungen und Antworten.
Färbe in der gleichen Farbe, was zusammengehört.

Ich war im Zeltlager. In der ersten Woche waren wir 48 Kinder, in der zweiten Woche nur noch 23 Kinder.

An unserem Strand waren viele Muscheln. Mein Bruder hat 37 Muscheln gefunden, ich 22.

Wir sind mit einem Bus nach Spanien gefahren. Im Bus waren 12 Kinder und 36 Erwachsene.

Bei unserer Radtour sind wir am ersten Tag 4 Stunden gefahren, am zweiten Tag doppelt so lang und am dritten Tag von 9 Uhr bis 13 Uhr.

Für unser Grillfest haben wir 30 kleine Maiskolben besorgt, damit jeder 3 Maiskolben essen konnte.

Wir sind mit einer Sesselbahn auf einen Berg gefahren. Meine Eltern mussten je 8 € bezahlen, ich die Hälfte.

Wie viele Stunden sind wir insgesamt gefahren?	Wie viele Personen waren im Bus?	Wie viele Personen waren beim Grillfest?
Wie viele Muscheln waren das insgesamt?	Wie viele Kinder sind nach der ersten Woche heimgefahren?	Wie viel mussten wir insgesamt bezahlen?

h = Stunde

30 : 3 = ____	4 h + ____ h + ____ h = ____ h	12 + 36 = ____
37 + 22 = ____	48 – ____ = 23	8 € + ____ € + ____ € = ____ €

____ Personen waren beim Grillfest.	Im Bus waren ____ Personen.	Wir sind insgesamt ____ Stunden gefahren.
Es waren insgesamt ____ Muscheln.	Es sind ____ Kinder heimgefahren.	Wir mussten insgesamt ____ € bezahlen.

Hunderter, Zehner, Einer ①

SB S. 6/7

① Trage die Zahlen in die Stellenwerttafel ein oder zeichne sie.

H	Z	E
1	3	5

H	Z	E

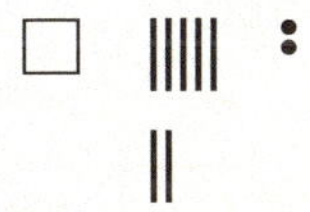

H	Z	E

H	Z	E

H	Z	E

H	Z	E
1	4	1

H	Z	E
	6	4

H	Z	E
1	0	3

H	Z	E
1	0	0

H	Z	E
1	7	0

② Rechnen mit Einern und Zehnern (+)

a)

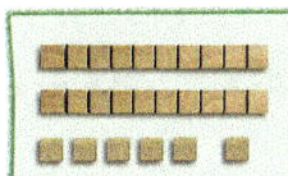

26 + 2 = ____

36 + 3 = ____

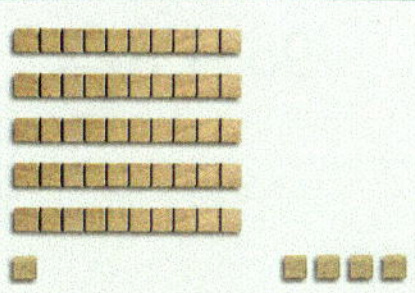

51 + 4 = ____

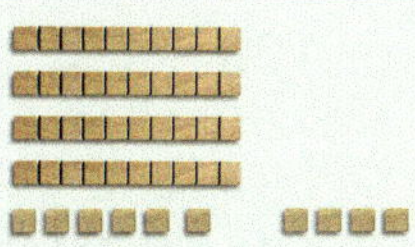

46 + 4 = ____

b)

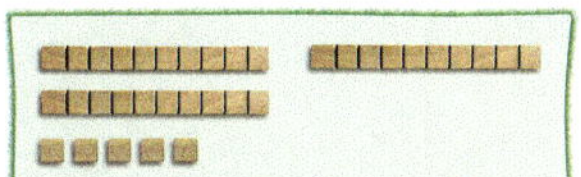

25 + 10 = ____

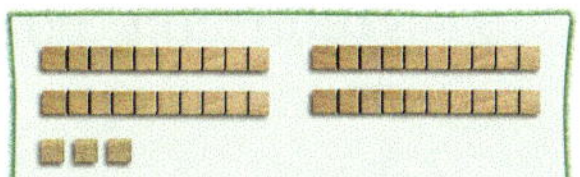

23 + 20 = ____

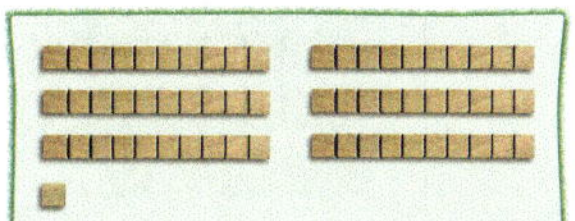

31 + 30 = ____

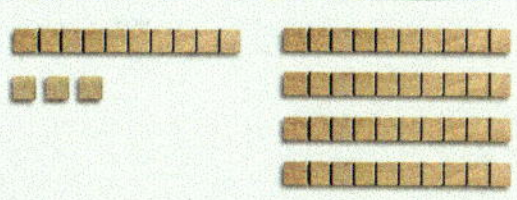

13 + 40 = ____

③ Rechnen mit Einern und Zehnern (−)

a)

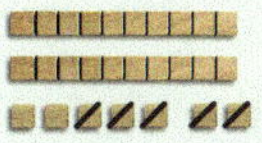

27 – 5 = ____

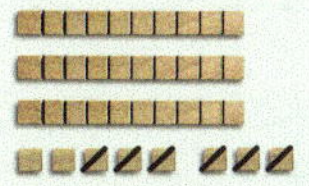

38 – 6 = ____

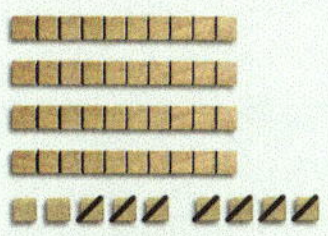

49 – 7 = ____

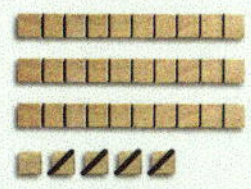

35 – 4 = ____

b)

56 – 20 = ____

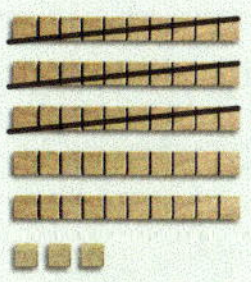

53 – 30 = ____

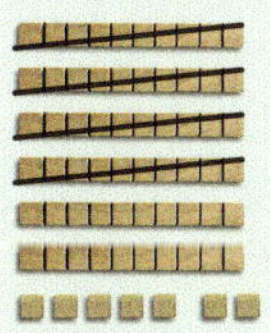

67 – 40 = ____

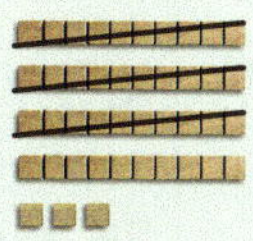

43 – 30 = ____

Hunderter, Zehner, Einer ②

1 Lege im Kopf dazu. Rechne.

a) Immer (+1)	b) Immer (+10)	c) Immer (+5)	d) Immer (+40)
27 + 1 = ____	15 + 10 = ____	24 + 5 = ____	16 + 40 = ____
49 + 1 = ____	29 + 10 = ____	42 + 5 = ____	29 + 40 = ____
66 + 1 = ____	48 + 10 = ____	61 + 5 = ____	43 + 40 = ____
82 + 1 = ____	74 + 10 = ____	73 + 5 = ____	58 + 40 = ____
99 + 1 = ____	86 + 10 = ____	95 + 5 = ____	60 + 40 = ____

2 Nimm im Kopf weg. Rechne.

a) Immer (–1)	b) Immer (–10)	c) Immer (–3)	d) Immer (–30)
20 – 1 = ____	28 – 10 = ____	39 – 3 = ____	35 – 30 = ____
35 – 1 = ____	44 – 10 = ____	57 – 3 = ____	51 – 30 = ____
58 – 1 = ____	69 – 10 = ____	78 – 3 = ____	79 – 30 = ____
86 – 1 = ____	81 – 10 = ____	86 – 3 = ____	85 – 30 = ____
100 – 1 = ____	95 – 10 = ____	95 – 3 = ____	98 – 30 = ____

3 Überlege: Welche Stellen ändern sich jeweils? Rechne.

Wenn ich E dazugebe, dann …

a)	b)	c)
46 + 3 = ____	32 + 6 = ____	23 + 5 = ____
46 + 30 = ____	32 + 60 = ____	23 + 50 = ____
46 + 33 = ____	32 + 66 = ____	23 + 55 = ____

d)	e)	f)
89 – 7 = ____	65 – 4 = ____	98 – 6 = ____
89 – 70 = ____	65 – 40 = ____	98 – 60 = ____
89 – 77 = ____	65 – 44 = ____	98 – 66 = ____

g)	h) ★
36 + 4 = ____	63 – 4 = ____
36 + 40 = ____	63 – 40 = ____
36 + 44 = ____	63 – 44 = ____

100 und über 100 hinaus

1 Wie heißen die Zahlen am Zahlenstrahl?

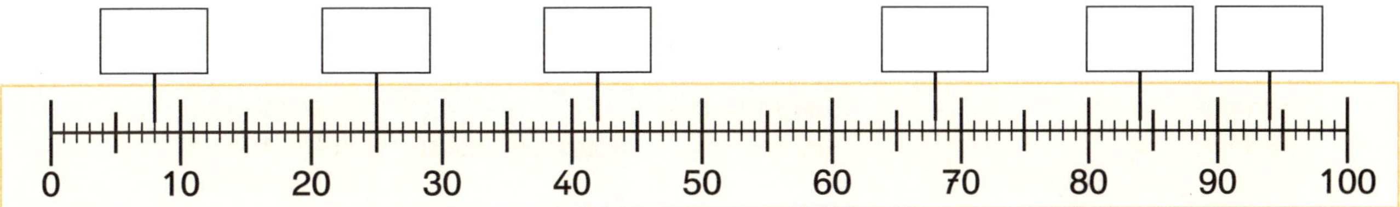

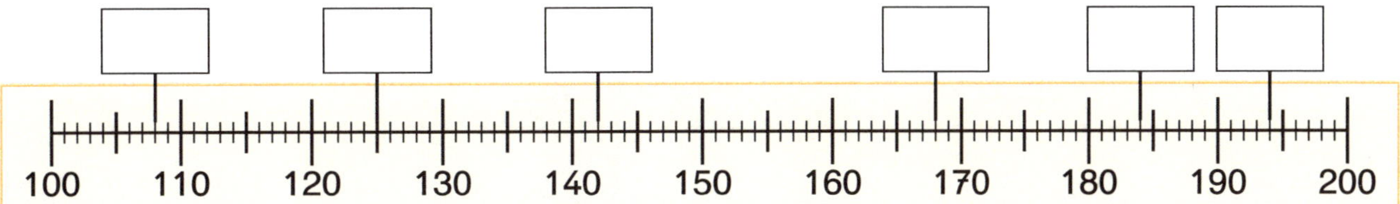

Was fällt dir auf? ______________________________

____

2 Vorgänger und Nachfolger gesucht

___ 35 ___ ___ 135 ___	___ 42 ___ ___ 142 ___	___ 57 ___ ___ 157 ___
___ 69 ___ ___ 169 ___	___ 71 ___ ___ 171 ___	___ 99 ___ ___ 199 ___

3 Vorwärts und rückwärts zählen: Schreibe die fehlenden Zahlen auf.

a) 97, 98, ___, ___, ___, 102

b) 107, 108, ___, ___, ___, 112

c) 122, 121, ___, ___, ___, 117

d) 165, 164, ___, ___, ___, 160

4 Erkennst du das Muster? Setze die Zahlenfolgen fort.

a) 134, 136, 138, ___, ___, 144 (+ 2)

b) 151, 153, 155, ___, ___, 161

c) 186, 184, 182, ___, ___, 176

d) 107, 105, 103, ___, ___, 97

e) 147, 150, 153, ___, ___, 162

f) 186, 183, 180, ___, ___, 171

★ g) 114, 117, 121, 126, ___, ___, ___, 156

★ h) 174, 178, 176, 180, ___, ___, ___, 184

i) Schreibe weitere Zahlenfolgen in dein Heft. Erkläre deine Zahlenfolgen.

Addieren ⊕ über den Zehner

SB S. 10

① Kreise ein und rechne.

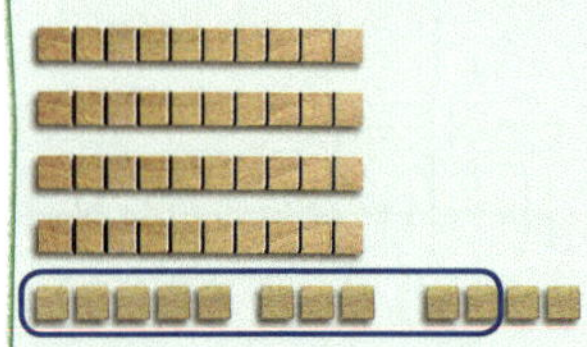

48 + 4 = ____

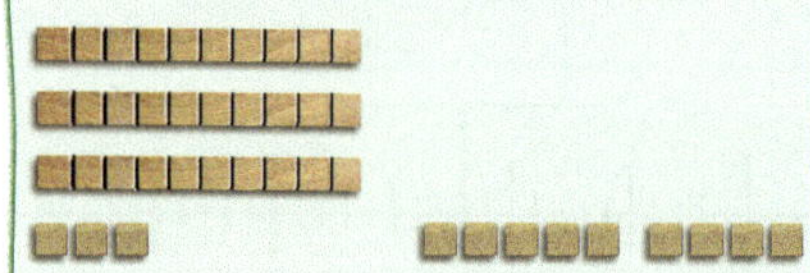

33 + 9 = ____

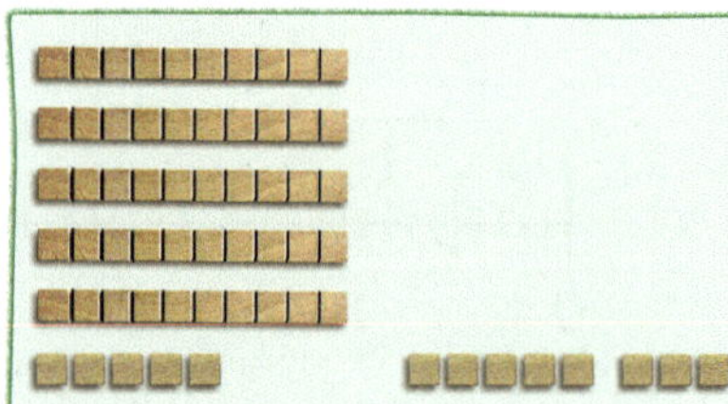

55 + 8 = ____

② Lege die Aufgabe mit Material oder im Kopf. Rechne.

a) 37 + 5 = ____
46 + 5 = ____

b) 36 + 8 = ____
48 + 8 = ____

c) 56 + 7 = ____
38 + 7 = ____

d) 89 + 6 = ____
28 + 6 = ____

e) 75 + 9 = ____
83 + 9 = ____

f) 89 + 4 = ____
37 + 4 = ____

g) 68 + 3 = ____
59 + 3 = ____

h) 42 + 9 = ____
73 + 9 = ____

③ Kreise ein und rechne.

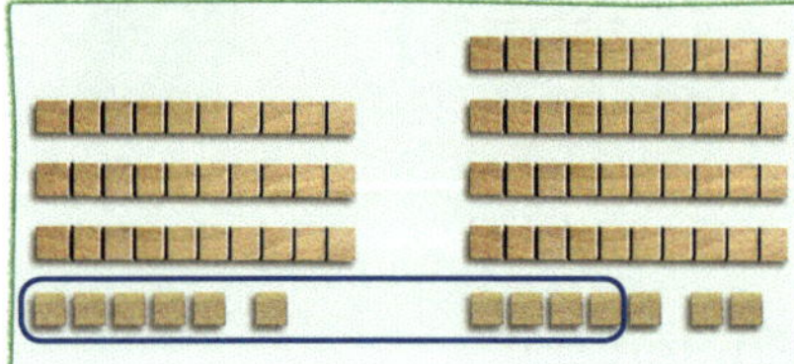

36 + 47 = ____

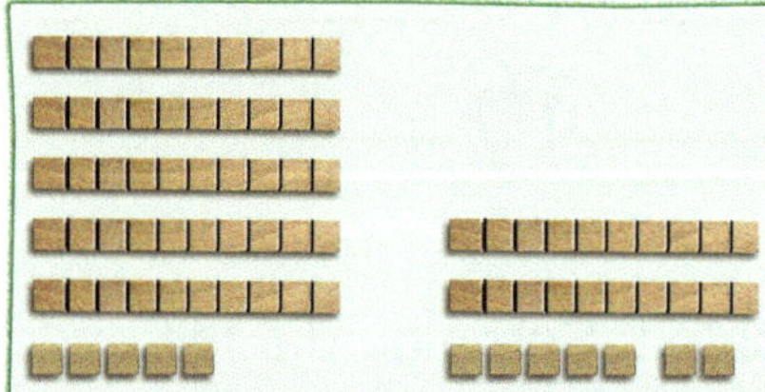

55 + 27 = ____

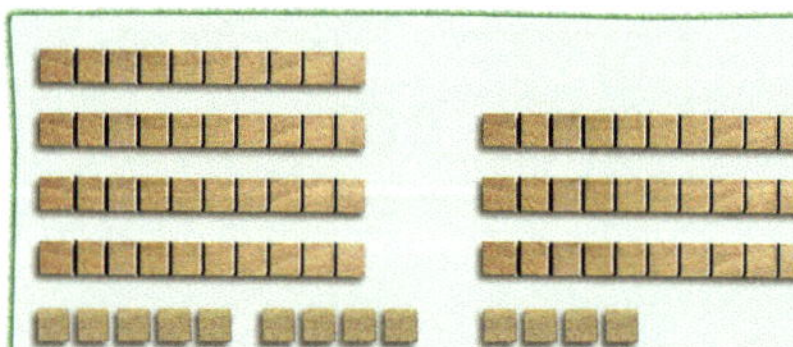

49 + 34 = ____

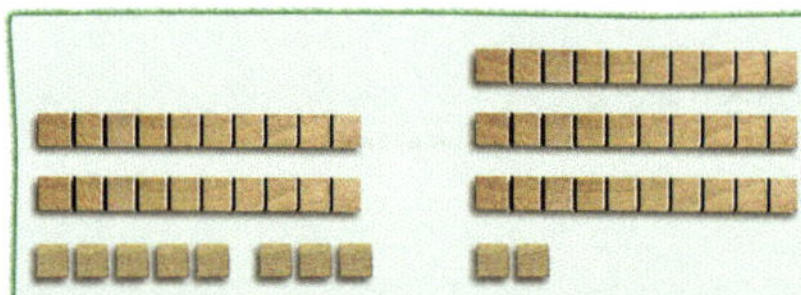

28 + 32 = ____

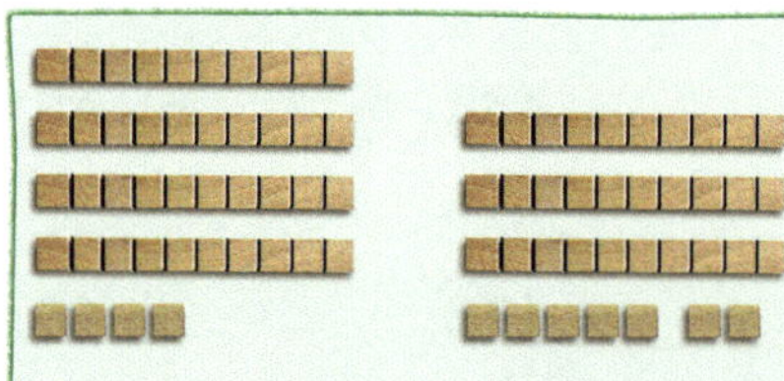

44 + 37 = ____

59 + 24 = ____

④ Lege die Aufgaben mit Material oder im Kopf. Rechne.

a) 38 + 44 = ____
26 + 65 = ____

b) 18 + 36 = ____
26 + 19 = ____

c) 46 + 17 = ____
67 + 25 = ____

d) 39 + 53 = ____
65 + 16 = ____

Subtrahieren ⊖ über den Zehner

① Streiche weg und rechne.

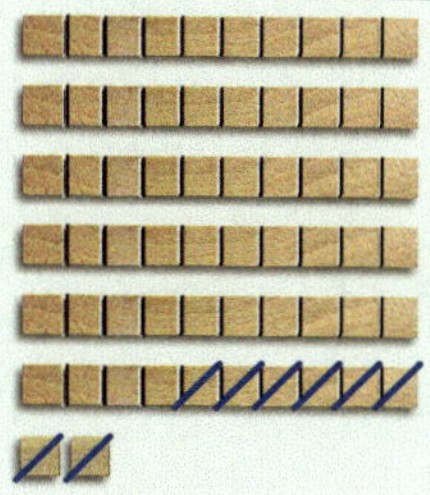

62 – 8 = ____

43 – 6 = ____

36 – 7 = ____

② Lege die Aufgabe mit Material oder im Kopf. Rechne.

a) 74 – 5 = ____
32 – 5 = ____

b) 66 – 8 = ____
94 – 8 = ____

c) 81 – 3 = ____
72 – 3 = ____

d) 28 – 9 = ____
45 – 9 = ____

e) 65 – 7 = ____
33 – 7 = ____

f) 23 – 4 = ____
81 – 4 = ____

g) 54 – 6 = ____
92 – 6 = ____

h) 81 – 8 = ____
43 – 8 = ____

③ Streiche weg und rechne.

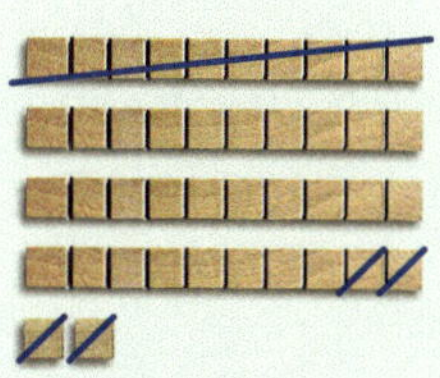

42 – 14 = ____

35 – 26 = ____

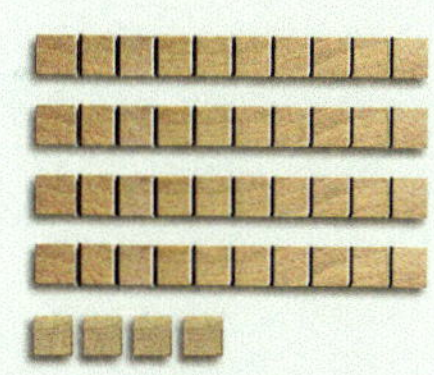

44 – 26 = ____

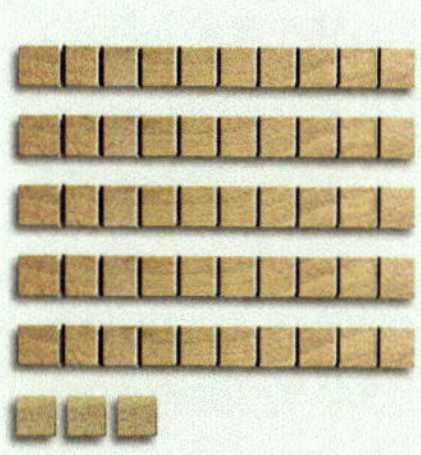

53 – 24 = ____

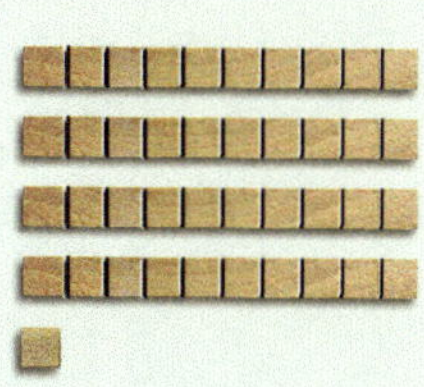

41 – 33 = ____

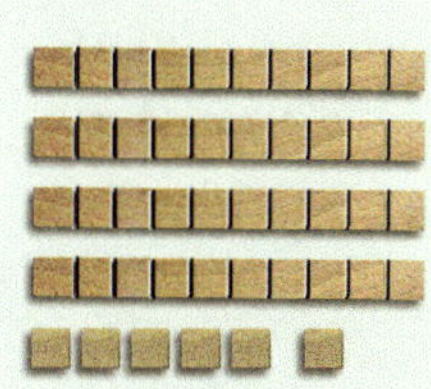

46 – 28 = ____

④ Lege die Aufgabe mit Material oder im Kopf. Rechne.

a) 62 – 14 = ____
81 – 43 = ____

b) 74 – 48 = ____
56 – 19 = ____

c) 83 – 68 = ____
76 – 68 = ____

d) 94 – 56 = ____
98 – 29 = ____

SB S. 12

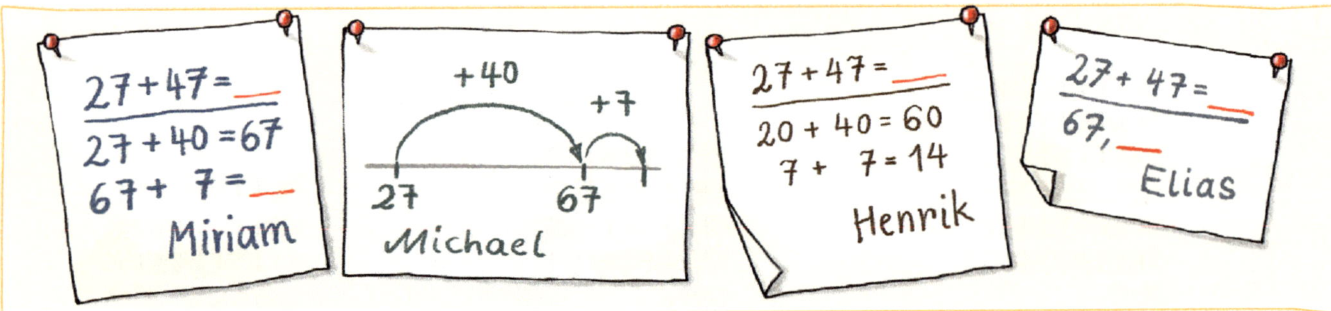

① Rechne auf deinem Weg.

a)

27 + 47 = ____ | 66 + 25 = ____ | 13 + 68 = ____

51 + 49 = ____ | 65 + 17 = ____ | 36 + 48 = ____

46 + 18 = ____ | 24 + 35 = ____ | 58 + 15 = ____

b)

64 + 28 = ____ | 35 + 47 = ____ | 43 + 28 = ____

39 + 42 = ____ | 48 + 23 = ____ | 72 + 16 = ____

59 + 23 = ____ | 35 + 45 = ____ | 24 + 56 = ____

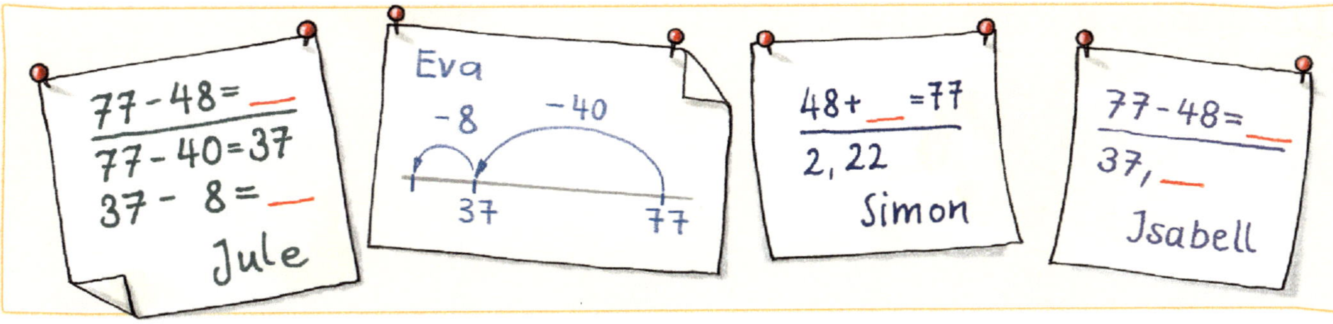

① Rechne auf deinem Weg.

a)

77 – 48 = ____ | 64 – 25 = ____ | 93 – 67 = ____

61 – 48 = ____ | 65 – 17 = ____ | 86 – 47 = ____

98 – 21 = ____ | 73 – 16 = ____ | 42 – 28 = ____

b)

42 – 39 = ____ | 78 – 34 = ____ | 54 – 29 = ____

62 – 46 = ____ | 80 – 16 = ____ | 98 – 65 = ____

26 – 24 = ____ | 72 – 69 = ____ | 100 – 78 = ____

Rechendreiecke

SB S. 15

① Ergänze die Rechendreiecke.

a)

	18				
	15	12			27

	33				
	60	32			

	12				
	23	58			

b)

	20				
	24	57			

	17				
	50	19			

	55				
	45	18			

c)

33					
	15	14			

99	80	97			

	35				
	22				40

d)

40					
		23			51

	40				
		27			80

94	48				
		47			

Zeichne dein bestes Rechendreieck in dein 📖.
Wie kann dein Partner dein Rechendreieck lösen? Erkläre.

★ ② Knobeldreiecke

70		60
	50	

74		64
	54	

Wie Kinder ihre Freizeit verbringen ①

SB S. 16/17

① Was lesen Kinder gerne?
Die Kinder der Klassen 3a und 3b führten eine Umfrage durch.
Jeder durfte zwei Lieblingsbücher nennen.

	Abenteuer-bücher	Comics	Tier-bücher	Zauber-geschichten	Sach-bücher	Märchen
Klasse 3a	10	6	17	10	7	10
Klasse 3b	13	12	8	7	11	3

a) Zeichne ein Diagramm zu den Umfrageergebnissen.

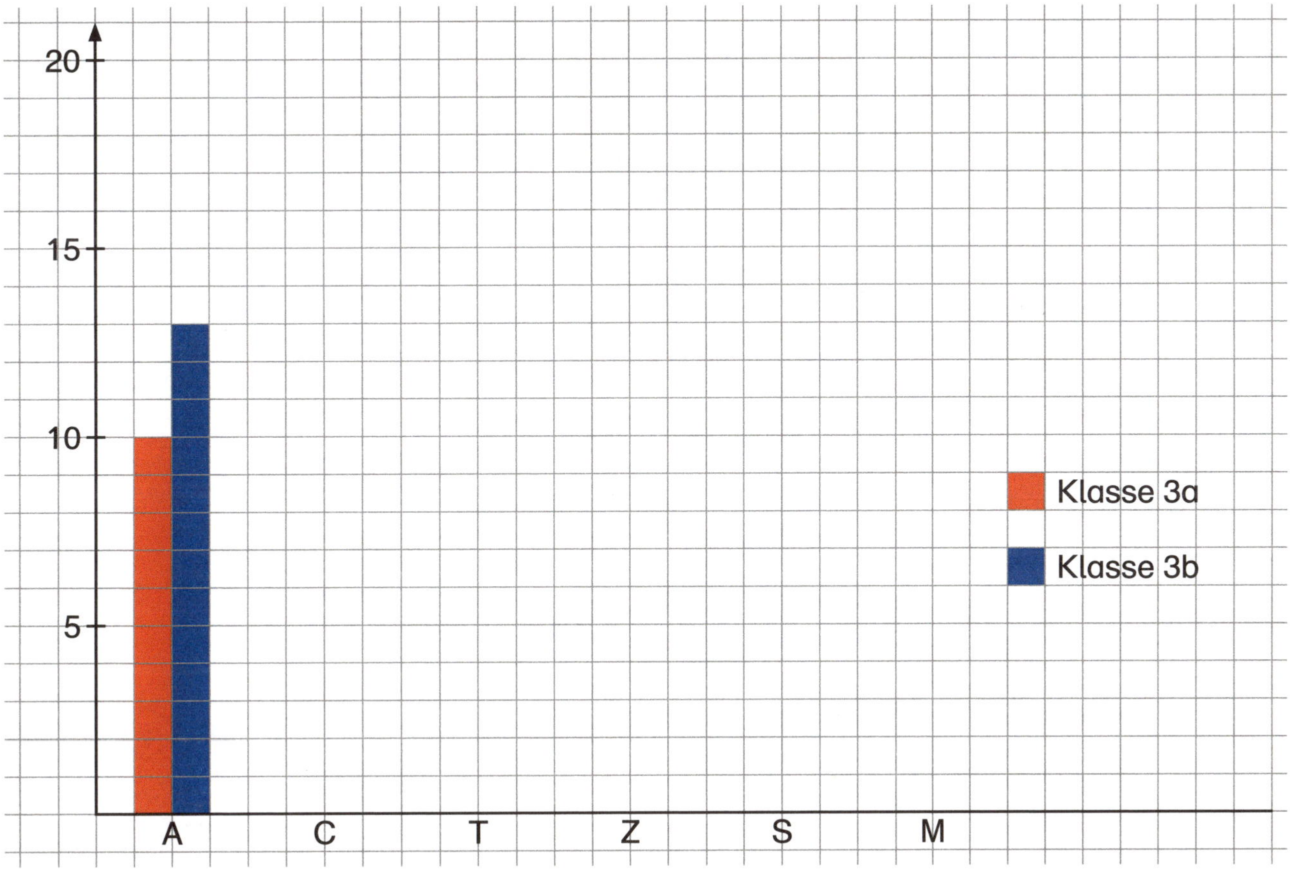

b) Welche Aussagen stimmen? Kreuze sie an ☒.

- ☐ In der Klasse 3a sind Tierbücher am beliebtesten.
- ☐ In der Klasse 3b sind Abenteuerbücher, Comics und Sachbücher beliebter als in der Klasse 3a.
- ☐ Märchen wurden von der Klasse 3b am wenigsten genannt.
- ☐ Die Klasse 3b liest am liebsten Sachbücher.
- ☐ Dreimal so viele Kinder der 3a wie der 3b lesen gerne Sachbücher.
- ☐ Sowohl die Klasse 3a als auch die Klasse 3b liest gerne Abenteuerbücher.
- ☐ Die meisten Kinder haben Tierbücher genannt.
- ☐ Die Klasse 3a hat Sachbücher am wenigsten genannt.

Wie Kinder ihre Freizeit verbringen ②

SB S. 16/17

① Paul und Anna haben eine Woche lang notiert, wie viel Zeit sie am Computer verbracht haben. Sie haben ein Diagramm erstellt.

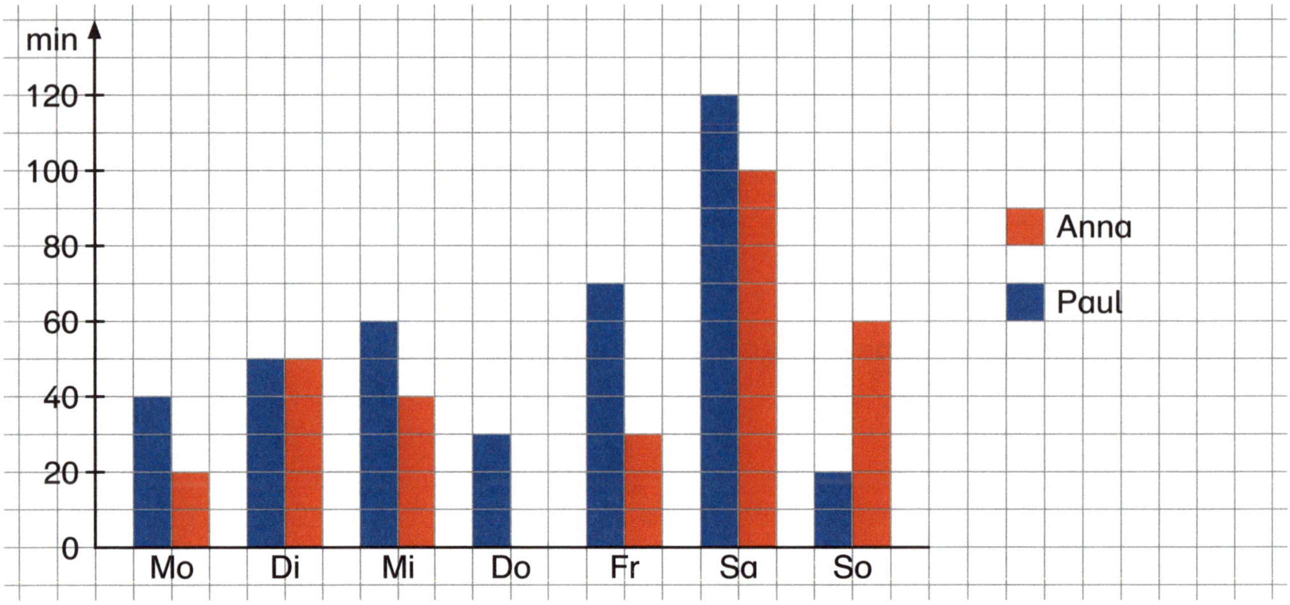

a) Übertrage die Angaben aus dem Diagramm in die Tabelle.

	Mo	Di	Mi	Do	Fr	Sa	So
Anna	___ min						
Paul	___ min						

b) Welche Aussagen stimmen. Kreuze sie an ☒.

- ☐ Paul verbrachte mehr Zeit am Computer als Anna.
- ☐ Am Donnerstag nutzte Paul den Computer nicht.
- ☐ Am Dienstag verbrachte Anna 20 Minuten am Computer.
- ☐ Am Dienstag verbrachten Anna und Paul gleich viel Zeit am Computer.
- ☐ Am Samstag verbrachte Paul die meiste Zeit am Computer.
- ☐ Anna nutzte den Computer in dieser Woche genau 5 Stunden.

c) Ergänze den Text. dreimal so lang | gleich lang | halb so lang

Am Montag nutzte Anna den Computer ______________________ wie Paul.

Am Sonntag nutzte Anna den Computer ______________________ wie Paul.

Am Dienstag nutzten Anna und Paul den Computer ______________________.

② Wie viel Zeit verbringst du jeden Tag vor dem Fernseher? Schreibe eine Tabelle und erstelle dann ein Diagramm.

SB S. 18/19

(1) Simsala und Bim besichtigen Burg Schreckenstein.
Sie fotografieren sie von vorn, von hinten, von rechts und von links.

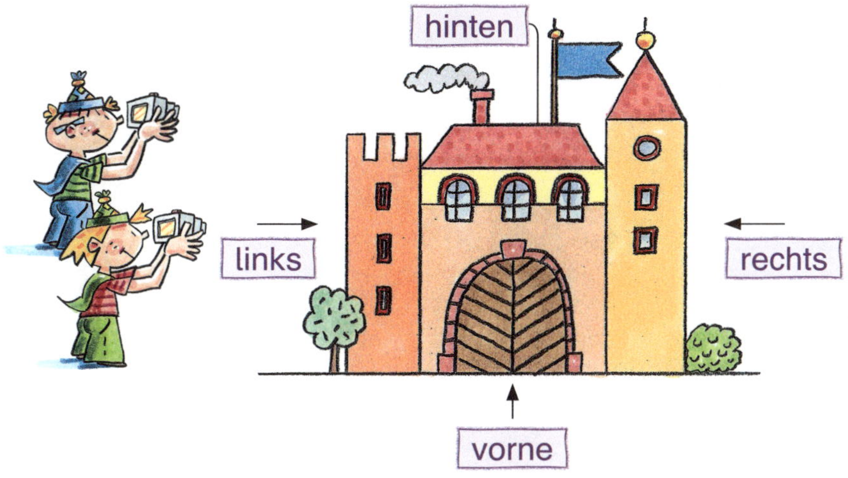

Von wo aus wurden die Bilder gemacht?

a) von ____________ b) von ____________ c) von ____________ d) von ____________

Zeichne deine Ritterburg von vorne und von hinten in dein 📖.

(2) Auf der Burg gibt es auch ein Labyrinth. Darin sind wertvolle Schätze versteckt.

a) Zeichne Simsalas Weg rot ein.

Ich gehe geradeaus ins Labyrinth, an der ersten Kreuzung biege ich rechts ab. Ich gehe geradeaus, dann links, dann wieder geradeaus. Nun biege ich rechts ab, gehe durch einen schmalen Durchgang und biege bei der zweiten Möglichkeit nach rechts ab. Ich sehe ______________________________!

★ b) Zeichne Bims Weg blau ein.

Ich gehe am Eingang geradeaus, dann rechts, dann wieder geradeaus. Wenn es nicht mehr weitergeht, gehe ich links, geradeaus und dann rechts durch einen schmalen Durchgang. Nun biege ich links ab, gleich wieder links und komme wieder zu einem schmalen Durchgang. Ich biege dahinter rechts ab, gehe ein Stück geradeaus und nehme die zweite Abbiegung nach links. Nach einem kurzen Stück gehe ich rechts, dann gleich wieder links und finde ______________________________!

1. Angebot der Woche: Schatzkiste, Drache, Gespenst, 2 Pferde und 8 Ritter im Paket 13 € günstiger. Wie viel musst du bezahlen?

A: ______________________________

2. Du wünschst dir für deine Burg noch 12 Ritter und 6 Pferde. Was kostet alles zusammen? Reichen dir 50 €?

A: ______________________________

3. Greta gibt genau 30 € für Zubehör aus. Was könnte sie sich gekauft haben? Finde verschiedene Möglichkeiten.

Finde eine weitere Aufgabe. Schreibe sie in dein 📖.

SB S. 22/23

1 Zwischen welchen Zehnern liegen die Zahlen?

☐ 68 ☐	☐ 39 ☐	☐ 88 ☐	☐ 52 ☐
☐ 24 ☐	☐ 41 ☐	☐ 78 ☐	☐ 95 ☐

2 Trage in die Stellenwerttafel ein.

H | Z | E

H | Z | E

H | Z | E

H | Z | E

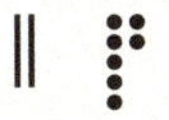
H | Z | E

H | Z | E

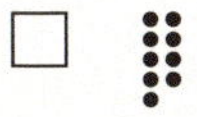
H | Z | E

3 Welche Stelle ändert sich? Markiere bei der ersten Zahl und rechne.

45 + 2 = ____	63 + 30 = ____	56 – 5 = ____	78 – 70 = ____
45 + 30 = ____	63 + 5 = ____	56 – 40 = ____	78 – 6 = ____

4 Lege im Kopf. Rechne.

27 + 4 = ____

43 – 5 = ____

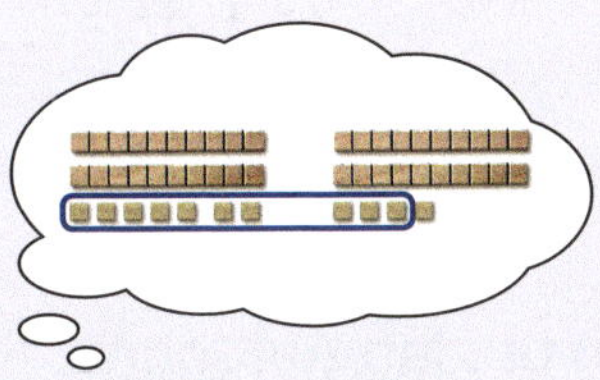

27 + 24 = ____

43 – 25 = ____

a)	b)	c)	d)
38 + 5 = ____	44 – 5 = ____	38 + 25 = ____	44 – 25 = ____
45 + 7 = ____	85 – 7 = ____	45 + 37 = ____	85 – 37 = ____
75 + 8 = ____	65 – 8 = ____	75 + 18 = ____	65 – 28 = ____

5 Paul wünscht sich für seine Burg einen König und 2 Ritter.
Wie viel kostet alles zusammen?

A: Alles zusammen kostet ____ €.

König 5 €

2 Ritter 7 €

SB S. 22/23

1 Schreibe Vorgänger und Nachfolger auf.

___ 28 ___	___ 86 ___	___ 41 ___	___ 69 ___
___ 128 ___	___ 186 ___	___ 141 ___	___ 169 ___

2 Welche Zahlen sind dargestellt?

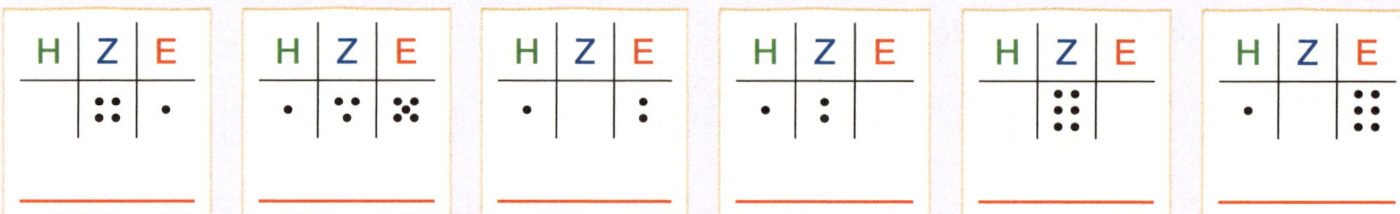

3 Überlege: Welche Stellen ändern sich? Rechne.

a)
36 + 3 = ___
36 + 30 = ___
36 + 33 = ___

b)
22 + 6 = ___
22 + 60 = ___
22 + 66 = ___

c)
69 – 5 = ___
69 – 50 = ___
69 – 55 = ___

d)
78 – 6 = ___
78 – 60 = ___
78 – 66 = ___

4 Rechne.

a)
27 + 5 = ___
66 + 4 = ___

b)
27 + 37 = ___
66 + 25 = ___

c)
77 – 5 = ___
64 – 5 = ___

d)
77 – 28 = ___
64 – 35 = ___

5 Finde die nächsten beiden Aufgaben. Rechne.

a)
34 + 18 = ___
36 + 16 = ___
38 + 14 = ___
___
___

b)
43 + 47 = ___
53 + 37 = ___
63 + 27 = ___
___
___

c)
93 – 46 = ___
94 – 36 = ___
95 – 26 = ___
___
___

d)
47 – 38 = ___
48 – 37 = ___
49 – 36 = ___
___
___

6 Emil wünscht sich für seine Ritterburg einen König, eine Kutsche und 4 Ritter. Wie viel kostet alles zusammen?

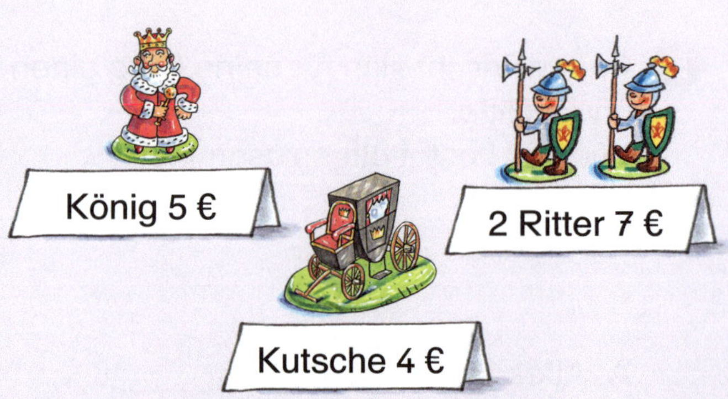

A: ___

1 Stefan liest die Speisekarte. Er überlegt: Wie viele verschiedene Kombinationen für eine Vorspeise, ein Hauptgericht und eine Nachspeise gibt es?

a) Zeichne den Plan fertig. Verwende die Buchstaben.

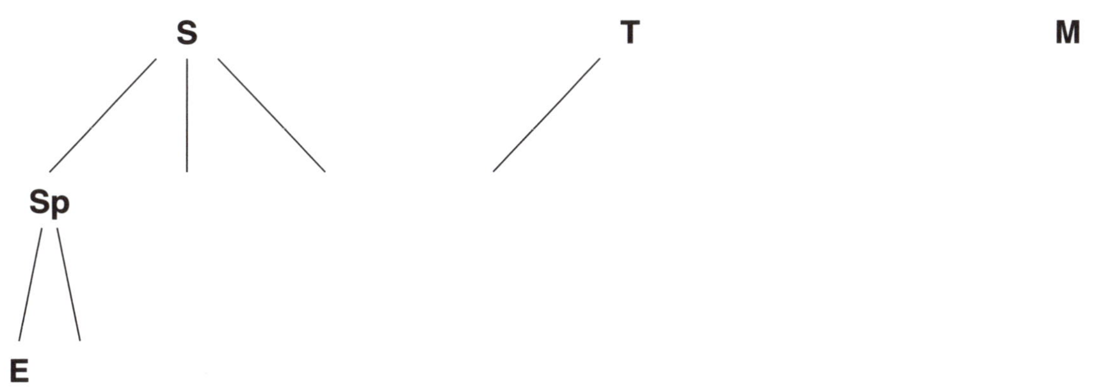

Es sind ____ Kombinationen.

b) So könnte der Plan auch aussehen: Ergänze die fehlenden Buchstaben.

S	Sp	E	S	Sp	O	S	P	E	S	P	O	S	Sch	E	S	Sch	O
T	Sp		T	Sp		T			T			T			T		
M			M			M			M			M			M		

SB S. 26/27

① Kernaufgabentraining: Rechne.

4 · 2 = ____	8 · 10 = ____	2 · 5 = ____	7 · 2 = ____	7 · 5 = ____
5 · 2 = ____	9 · 10 = ____	3 · 5 = ____	8 · 2 = ____	8 · 5 = ____
6 · 2 = ____	10 · 10 = ____	4 · 5 = ____	9 · 2 = ____	9 · 5 = ____

2 · 2 = ____
3 · 3 = ____
4 · 4 = ____
5 · 5 = ____
6 · 6 = ____
7 · 7 = ____
8 · 8 = ____
9 · 9 = ____
10 · 10 = ____

Schreibe die Quadrataufgaben in dein 📖.

② Ergebnisse von Kernaufgaben: Finde passende Malaufgaben.

8: 1 · 8, ____, ____, ____

16: ____, ____, ____, ____

40: ____, ____, ____, ____

③ „Weiße" Aufgaben mithilfe der Kernaufgaben lösen

a) Nachbaraufgaben

5 · 4 = ____	5 · 7 = ____	5 · 3 = ____	5 · 9 = ____	5 · 8 = ____
6 · 4 = ____	6 · 7 = ____	6 · 3 = ____	6 · 9 = ____	6 · 8 = ____
2 · 4 = ____	6 · 6 = ____	2 · 9 = ____	7 · 7 = ____	8 · 8 = ____
3 · 4 = ____	7 · 6 = ____	3 · 9 = ____	8 · 7 = ____	9 · 8 = ____

b) Verdoppeln und halbieren

2 · 7 = ____	2 · 8 = ____	6 · 6 = ____	6 · 5 = ____	2 · 6 = ____
4 · 7 = ____	4 · 8 = ____	3 · 6 = ____	3 · 5 = ____	4 · 6 = ____

c) Kernaufgaben zusammenbauen

6 · 6 = ____	5 · 8 = ____	5 · 4 = ____	____	____
1 · 6 = ____	2 · 8 = ____	____	____	____
7 · 6 = ____	7 · 8 = ____	9 · 4 = ____	7 · 3 = ____	6 · 9 = ____

SB S. 26/27

① Aufgabenreihen aus der Einmaleinstabelle

a)

4 · 6 = ____	3 · 4 = ____	4 · 8 = ____	2 · 3 = ____
5 · 6 = ____	4 · 4 = ____	5 · 8 = ____	3 · 3 = ____
6 · 6 = ____	5 · 4 = ____	6 · 8 = ____	4 · 3 = ____

b)

4 · 3 = ____	6 · 6 = ____	7 · 7 = ____	8 · 8 = ____
5 · 3 = ____	7 · 6 = ____	8 · 7 = ____	9 · 8 = ____
6 · 3 = ____	8 · 6 = ____	9 · 7 = ____	10 · 8 = ____

Schreibe Aufgabenreihen in dein Heft.

Kernaufgaben helfen.

② „Weiße" Aufgaben lösen

9 ·	3 ·	6 ·	7 ·	8 ·	4 ·
9 · 4 = ____	3 · 4 = ____	6 · 4 = ____	7 · 3 = ____	8 · 9 = ____	4 · 3 = ____
9 · 6 = ____	3 · 9 = ____	6 · 7 = ____	7 · 6 = ____	8 · 3 = ____	4 · 6 = ____
9 · 3 = ____	3 · 7 = ____	6 · 3 = ____	7 · 8 = ____	8 · 6 = ____	4 · 8 = ____
9 · 8 = ____	3 · 6 = ____	6 · 9 = ____	7 · 9 = ____	8 · 4 = ____	4 · 9 = ____

③ Welcher Ball gehört in welchen Korb? Verbinde.

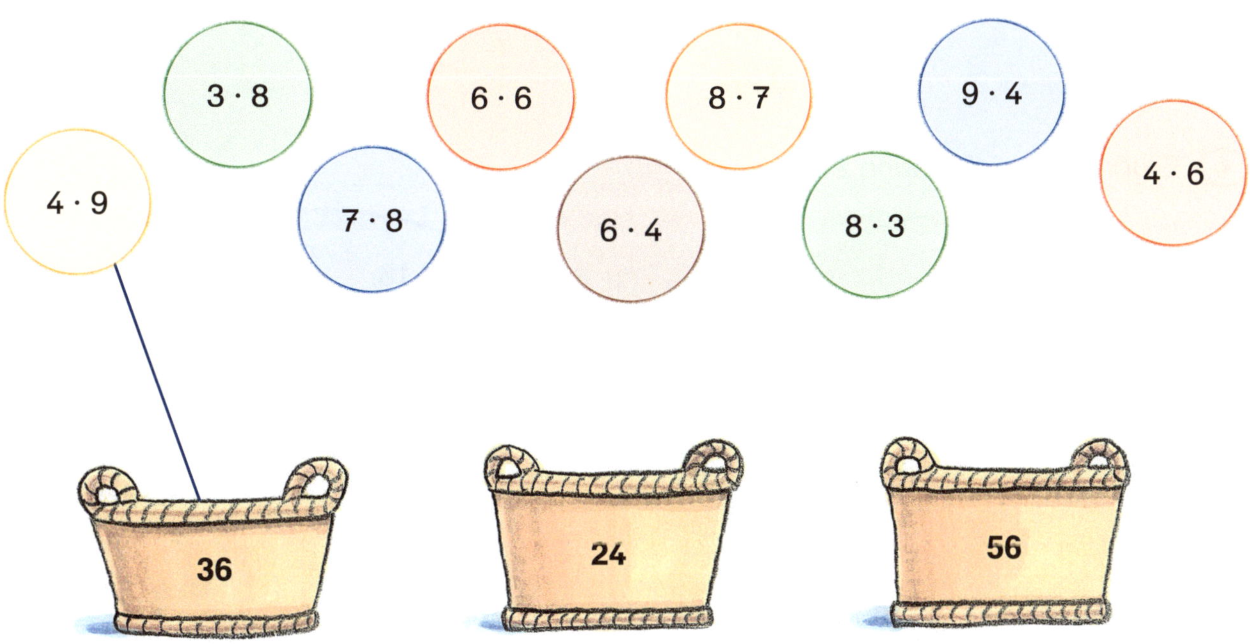

SB S. 26/27

① Bunte Lutscher: Male die Felder mit der richtigen Farbe aus.

7 mehr als 5 · 8	10 weniger als 7 · 8	15 mehr als 9 · 5	Das Doppelte von 4 · 5
2 weniger als 10 · 5	Die Hälfte von 8 · 8	1 mehr als 9 · 7	

② Welcher Schuh gehört in welche Schachtel? Verbinde gleiche Ergebnisse.

③ Ergänze die Zaubersprüche.

24 = 4 · ___, gleich kommt die alte ______.	16 = 2 · ___, heute spukt es in der ______.	28 = 7 · ___, aus jedem Stein wird gleich ein ______.	56 = 8 · ___, heut' wird mit dem Fuß ______ ______.

geschrieben Tier Nacht Hex

④ Ergänze die fehlenden Zahlen.

⑤ Welche Malaufgaben kannst du besonders gut? Welche Malaufgaben musst du noch üben? Schreibe in dein 📖.

Einmaleins-Verwandtschaften ①

① a)

·	2	4	8
1			
2			
3			
4			
5			
6			
7			
8			
9			
10			

b)

·	3	6	9
1			
2			
3			
4			
5			
6			
7			
8			
9			
10			

c)

·	5	10
1		
2		
3		
4		
5		
6		
7		
8		
9		
10		

d)

·	7
1	
2	
3	
4	
5	
6	
7	
8	
9	
10	

② Vielfache finden

a) Umfahre: Vielfache von 2 rot,
Vielfache von 4 blau.

Was fällt dir auf? Erkläre.

____

____

6 14 8 2 18 12 10 4 16 20

b) Umfahre: Vielfache von 4 rot,
Vielfache von 8 blau.

Was fällt dir auf? Erkläre.

____

____

36 8 28 16 32 4 24 12 20 40

c) Umfahre: Vielfache von 3 rot,
Vielfache von 6 blau,
Vielfache von 9 grün.

12 30 9 21 3 15 27 6 18 24

SB S. 28/29

① Trage die fehlenden Zahlen ein.

8	10	12	18	24
___ · 8	___ · 5	___ · 2	___ · 9	___ · 2
___ · 4	___ · 10	___ · 4	___ · 2	___ · 4
___ · 2	___ · 2	___ · 3	___ · 6	___ · 8
___ · 1	___ · 1	___ · 6	___ · 3	___ · 3
				___ · 6
				___ · 12

16	9	40	30	32
___ · 2	___ · 3	___ · 10	___ · 6	___ · 8
___ · 4	___ · 9	___ · 5	___ · 3	___ · 4
___ · 8	___ · 1	___ · 4	___ · 5	
		___ · 8	___ · 10	

② Rechne. Setze die Reihen fort.

a) 2 · 7 = ___
3 · 7 = ___
4 · 7 = ___
5 · 7 = ___
6 · 7 = ___
___
___

b) 5 · 8 = ___
6 · 8 = ___
7 · 8 = ___
8 · 8 = ___
9 · 8 = ___
___

c) 6 · 6 = ___
7 · 6 = ___
8 · 6 = ___
___
___

d) 5 · 9 = ___
6 · 9 = ___
7 · 9 = ___
8 · 9 = ___
9 · 9 = ___
___

③ Rechne.

a) 6 · 7 = ___
7 · 8 = ___
9 · 6 = ___

b) 9 · 8 = ___
6 · 4 = ___
4 · 8 = ___

c) 3 · 6 = ___
7 · 9 = ___
8 · 3 = ___

d) 8 · 9 = ___
3 · 9 = ___
7 · 4 = ___

① Ein Punktefeld – vier Aufgaben

a) 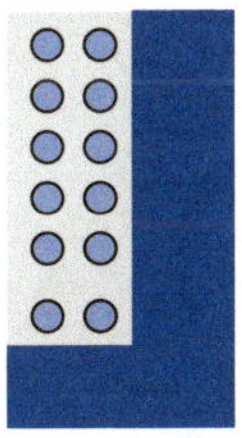

b) 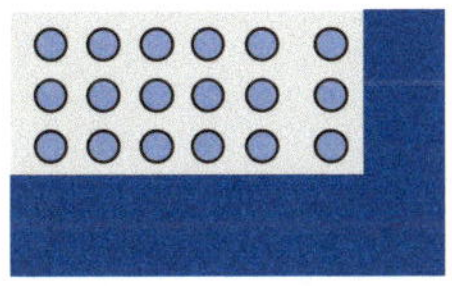

c) 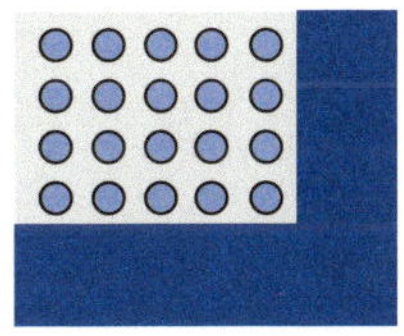

d) 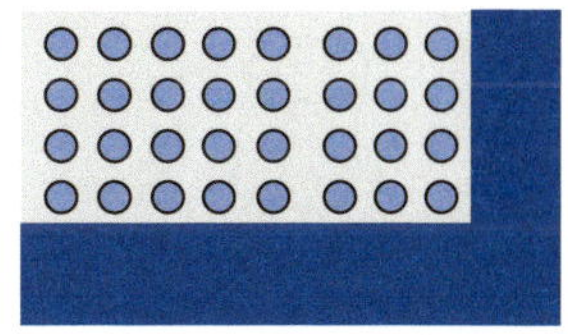

a)	b)	c)	d)
6 · 2 = ____	________	________	________
2 · 6 = ____	________	________	________
12 : 2 = ____	________	________	________
12 : 6 = ____	________	________	________

② Verbinde die passenden Mal- und Geteiltaufgaben. Rechne.

a)

63 : 7 = ____	6 · 9 = ____
42 : 7 = ____	4 · 9 = ____
54 : 9 = ____	9 · 7 = ____
36 : 9 = ____	6 · 7 = ____

b)

28 : 4 = ____	9 · 4 = ____
36 : 4 = ____	8 · 6 = ____
42 : 6 = ____	7 · 4 = ____
48 : 6 = ____	7 · 6 = ____

③ Dividiere. Die Malaufgabe hilft.

a)

21 : 7 = ____	____ · 7 = 21
56 : 7 = ____	____ · 7 = 56
72 : 9 = ____	________
48 : 8 = ____	________
42 : 6 = ____	________

b)

63 : 9 = ____	____ · 9 = 63
36 : 6 = ____	____ · 6 = 36
27 : 9 = ____	________
28 : 7 = ____	________
56 : 8 = ____	________

④ Finde die restlichen 5 Fehler.

a)

28 : 7 = 4	✓
42 : 7 = ~~8~~	6
21 : 7 = 3	____
56 : 7 = 8	____
63 : 7 = 7	____

b)

24 : 8 = 3	____
48 : 8 = 4	____
56 : 8 = 7	____
48 : 8 = 6	____
72 : 8 = 8	____

c)

54 : 9 = 5	____
63 : 9 = 7	____
72 : 9 = 8	____
81 : 9 = 9	____
27 : 9 = 4	____

Multiplizieren ⊙ und Dividieren ⊙ gehören zusammen ②

SB S. 30/31

① Drei Zahlen – vier Aufgaben

3 | 7 | 21

3 · ___ = ___
7 · ___ = ___
21 : ___ = ___
21 : ___ = ___

9 | 72 | 8

___ · ___ = ___
___ · ___ = ___
___ : ___ = ___
___ : ___ = ___

7 | 56 | ___

___ · ___ = ___
___ · ___ = ___
___ : ___ = ___
___ : ___ = ___

7 | 6 | ___

___ · ___ = ___
___ · ___ = ___
___ : ___ = ___
___ : ___ = ___

30 | 6 | ___

___ · ___ = ___
___ · ___ = ___
___ : ___ = ___
___ : ___ = ___

4 | 8 | ___

___ · ___ = ___
___ · ___ = ___
___ : ___ = ___
___ : ___ = ___

Wähle drei Zahlen. Schreibe dazu vier Aufgaben in dein 📖.

② Drei Zahlen – zwei Aufgaben

a) **7 | 49 | ___**

___ · ___ = ___
___ : ___ = ___

b) **8 | 64 | ___**

___ · ___ = ___
___ : ___ = ___

c) **9 | 9 | ___**

___ · ___ = ___
___ : ___ = ___

☆ ③ Suche drei Zahlen, die zusammengehören.

16	9	48	72	2	17	7	11	1	0	2	28	9
7	2	13	54	9	6	7	58	4	32	4	8	9
6	18	8	3	8	8	49	6	10	60	8	54	81

☆ ④ Durch welche Zahl wird geteilt? Finde jeweils zwei weitere Paare.

a) : →

81	9
27	3

b) : →

32	4
48	6

c) : →

28	4
35	5

d) : →

18	3
30	5

Multiplizieren ⊙ und Dividieren ⊙ gehören zusammen ③

① Rechne. Schreibe jeweils die Malaufgabe, die Tauschaufgabe und eine Umkehraufgabe.

a) 6 · 7 = 42　　6 · 8 = ___　　9 · 6 = ___　　7 · 8 = ___

7 · 6 = 42　　8 · 6 = ___　　___　　___

42 : 6 = 7　　___　　___　　___

b) 4 · 7 = ___　　9 · 7 = ___　　8 · 9 = ___　　3 · 8 = ___

___　　___　　___　　___

___　　___　　___　　___

② Immer zwei Aufgaben gehören zusammen. Verbinde.

4 · 7 = ___	4 · 6 = ___	56 : 8 = ___
24 : 4 = ___	8 · 7 = ___	48 : 6 = ___
28 : 7 = ___	7 · 6 = ___	6 · 8 = ___
6 · 9 = ___	54 : 6 = ___	42 : 7 = ___

③ Suche die passende Malaufgabe. Rechne.

a) 45 : 9 = ___　　42 : 7 = ___　　63 : 7 = ___　　64 : 8 = ___

5 · 9 = ___　　___　　___　　___

b) 48 : 6 = ___　　49 : 7 = ___　　56 : 7 = ___　　32 : 8 = ___

___　　___　　___　　___

c) 36 : 9 = ___　　28 : 7 = ___　　72 : 8 = ___　　54 : 9 = ___

___　　___　　___　　___

 SB S. 32/33

Beim Dividieren bleibt manchmal ein Rest

1) 20 Kekse werden verteilt an:

- 1 Kind 20 : 1 = ____
- 2 Kinder 20 : 2 = ____
- 3 Kinder 20 : 3 = ____
- 4 Kinder 20 : __ = ____
- 5 Kinder 20 : __ = ____
- 6 Kinder 20 : __ = ____

2) Welche Zahlen passen nicht? Streiche sie durch.

Teiler von 30	Teiler von 24	Teiler von 36
1, 8, 4, 5, 3, 6, 10, 2	2, 1, 3, 6, 8, 7, 4, 9	1, 5, 4, 6, 2, 36, 8, 9

3) a) Male jedes Zahlenkärtchen in der passenden Farbe an.

Wir dividieren durch 6

R 0	R 1	R 2	R 3	R 4	R 5

12, 27, 37, 47, 8, 25, 57, 59, 54, 10, 13, 39, 44, 34, 18, 50, 40, 23

b) Finde für die leeren Kärtchen passende Zahlen.

Preise mit Komma und Strich

SB S. 34/35

① a) Schreibweisen und Sprechweisen: Verbinde sie richtig.

2,30 € | 20,30 € | 0,23 € | 23,– € | 20,03 € | 3,02 € | 2,03 €

b) Ordne die Preise der Größe nach. Beginne mit dem kleinsten Preis.

0,23 € ______ ______ ______ ______ ______ ______ ______

② Wie viel Geld ist es? Trage den Betrag in die Tabelle ein und schreibe ihn mit Komma.

		Euro		Cent		
		Z	E	Z	E	
a)		2	5	5	2	25,52 €
b)						______
c)						______
d)						______
e)						______

③ Male gleiche Geldbeträge mit gleicher Farbe an.

522 ct	5,20 €	820 ct	3,23 €	8 € 2 ct	5,22 €
99 ct	9 € 91 ct	9,09 €	9 € 9 ct	9,91 €	0,99 €
502 ct	8,02 €	3 € 23 ct	8 € 20 ct	5 € 20 ct	5 € 2 ct

SB S. 36/37

Anika geht mit ihren Freunden Max, Emma und Sarah über den Festplatz.
Sie lesen die verschiedenen Angebote:

Achterbahn
Kinder 2 €

1 x Werfen 50 ct
5 x Werfen 2 €
8 x Werfen 3 €

Autoscooter
1 x 2 €
3 x 5 €
8 x 10 €

Bratwurst 1,50 €
Portion Salat 1 €

(1) Lies diese Fragen genau und beantworte sie dann:

a) Wie viel kostet eine Achterbahnfahrt? ____________________

b) Wie viel kostet 5-mal Werfen? ____________________

c) Wie teuer ist eine Bratwurst? ____________________

d) Wie viele Freunde hat Anika dabei? ____________________

e) Wie viel kosten 8 Fahrten mit dem Autoscooter? ____________________

f) Was kostet 1 €? ____________________

g) Was kostet 5 €? ____________________

(2) Hier musst du rechnen. Finde die günstigsten Preise.

a) Was kostet eine Achterbahnfahrt für alle Kinder zusammen?

A: Sie kostet insgesamt _____ €.

b) Jeder möchte beim Autoscooter einmal selbst lenken.
Wie viel müssen sie bezahlen?

A: Sie müssen _____ € bezahlen.

c) Ergänze die Tabelle für die Wurfbude.

d) Wenn jeder 2-mal wirft,
wie viel müssen sie bezahlen?

A: Sie müssen _____ € bezahlen.

Wurfbude			
1 x Werfen	50 ct	5 x Werfen	_____
2 x Werfen	1 €	6 x Werfen	_____
3 x Werfen	_____	7 x Werfen	_____
4 x Werfen	_____	8 x Werfen	_____

(3) Max und Emma kaufen sich je eine Bratwurst, die beiden anderen Mädchen essen je einen Salat. Anika bezahlt für alle mit einem 10-€-Schein.
Wie viel Geld bekommt sie zurück?

A: Sie bekommt ____________________ zurück.

Wahrscheinlich – unmöglich

SB S. 38/39

① Bim möchte eine blaue Kugel ziehen. Welche Kugeln könnten jeweils im Säckchen sein?
Male an. Verwende nur blau und rot.

sicher

unmöglich

möglich

Bei welchen Säckchen gibt es jeweils nur eine Lösung?

② Simsala will eine Kugel ziehen.
Was könnte passieren? Kreuze an.

Vergleicht eure Ergebnisse bei Aufgabe 2, 3 und 4 in der Klasse.

☐ Es ist unmöglich, dass sie eine blaue Kugel zieht.

☐ Es ist möglich, dass sie eine blaue Kugel zieht.

☐ Es ist sicher, dass sie eine rote Kugel zieht.

☐ Es ist eher wahrscheinlich, dass sie eine rote Kugel zieht.

③ Bim will eine Kugel ziehen. Was könnte passieren?

☐ Es ist sicher, dass er eine rote Kugel zieht.

☐ Es ist sicher, dass er eine blaue Kugel zieht.

☐ Es ist unmöglich, dass er eine blaue Kugel zieht.

☐ Es ist möglich, dass er eine blaue Kugel zieht.

④ Eulalia will eine Kugel ziehen. Was könnte passieren?

☐ Es ist sicher, dass sie eine rote Kugel zieht.

☐ Es ist unmöglich, dass sie eine rote Kugel zieht.

☐ Es ist sicher, dass sie eine blaue Kugel zieht.

☐ Es ist eher unwahrscheinlich, dass sie eine blaue Kugel zieht.

SB S. 40/41

① Trage die Zahlen ein oder zeichne sie.

H	Z	E

H	Z	E

H	Z	E

H	Z	E
5	3	0

H	Z	E
	8	6

② Welche Karten gehören zusammen? Umfahre sie mit der richtigen Farbe. Ergänze.

zweihundert-vierund-neunzig	vierhundert-neunund-zwanzig	neunhundert-vierund-zwanzig	zweihundert-vierund-vierzig	vierhundert-vierund-neunzig
H Z E: 9 2 4	H Z E:	H Z E: 4 9 4	H Z E: 2 9 4	H Z E: 4 2 9
4 9 4	2 9 4		4 2 9	2 4 4
400 + 20 + 9			900 + 20 + 4	200 + 40 + 4

③ Zerlege die Zahlen in Hunderter, Zehner und Einer und schreibe auf.

567 = 500 + 60 + 7
248 = ____ + ____ + __
956 = ____ + ____ + __
772 = ____ + ____ + __

824 = ____ + ____ + __
136 = ________
352 = ________
202 = ________

420 = ________
643 = ________
★ 1234 = ________
★ 1010 = ________

SB S. 42/43

1 Trage die Zahlen in die Stellenwerttafel ein.

a)	T	H	Z	E
vierhundertneunzig				
sechshundertzwanzig				
neunhundertsechzig				
dreihundertvierzig				
einhundertachtzig				
eintausendzehn				

b)	T	H	Z	E
zweihundertneunzehn				
fünfhundertachtundzwanzig				
siebenhundertvierundsechzig				
neunhundertdreiundvierzig				
achthundertfünfunddreißig				
eintausendzweihundert				

2 Rechne.

a)
100 + 200 = ___
200 + 300 = ___
300 + 400 = ___
400 + 500 = ___
300 + 500 = ___

b)
800 + ___ = 1000
300 + ___ = 1000
900 + ___ = 1000
500 + ___ = 1000
400 + ___ = 1000

c)
100 + ___ = 1000
600 + ___ = 1000
200 + ___ = 1000
700 + ___ = 1000
1000 + ___ = 1000

d)
1000 – 600 = ___
1000 – 900 = ___
1000 – 700 = ___
1000 – 800 = ___
1000 – 1000 = ___

e)
1000 – ___ = 500
1000 – ___ = 900
1000 – ___ = 400
1000 – ___ = 700
1000 – ___ = 800

f)
1000 – ___ = 1000
1000 – ___ = 100
1000 – ___ = 600
1000 – ___ = 200
1000 – ___ = 300

3 Aufgaben mit dem Ergebnis 1000: Schreibe in dein [Heft].

4 Zahlenrätsel

a) Die Zahl ist das Doppelte von 200. ___

b) Die Zahl ist die Hälfte von 600. ___

c) Die Zahl ist um 100 kleiner als 1000. ___

d) Die Zahl ist um 200 größer als 500. ___

e) Die Zahl ist um 100 kleiner als 400. ___

f) Die Zahl ist das Doppelte von 500. ___

1 Zeichne und schreibe die Zahlen.

a)

H	Z	E	Zahl
●●	●●●●	●	
●●●●●●●	●	●●●	
●●●●		●●●●●	
			153
			513
			351

b)

	H	Z	E	Zahl
1H 4E	●		●●●●	104
9H 5E				
7E 6Z 3H				
3Z 3H				
5H 8E				
3H 7Z 4E				

2 a) Simsala hat diese Zahl gelegt.

H	Z	E
●●●	●●	●●●●

324

Zeichne ein Plättchen jeweils an einer anderen Stelle dazu. Notiere die neuen Zahlen.

H	Z	E
●●●	●●	●●●●

H	Z	E
●●●	●●	●●●●

H	Z	E
●●●	●●	●●●●

b)

H	Z	E
●●●●●●	●●●	●●●●

634

H	Z	E
●●●●●●	●●●	●●●●

H	Z	E
●●●●●●	●●●	●●●●

H	Z	E
●●●●●●	●●●	●●●●

★ 3 Verschiebe jeweils 1 Plättchen. Welche Zahlen können entstehen?

H	Z	E
●●●●	●●	●●●●●

425

335

H	Z	E
●●●●●	●●●●	●

541

1000 – auf dem Zahlenstrahl

① Trage in den Zahlenstrahl ein: a) alle Hunderterzahlen, b) die Zahlen mit den Pfeilen.

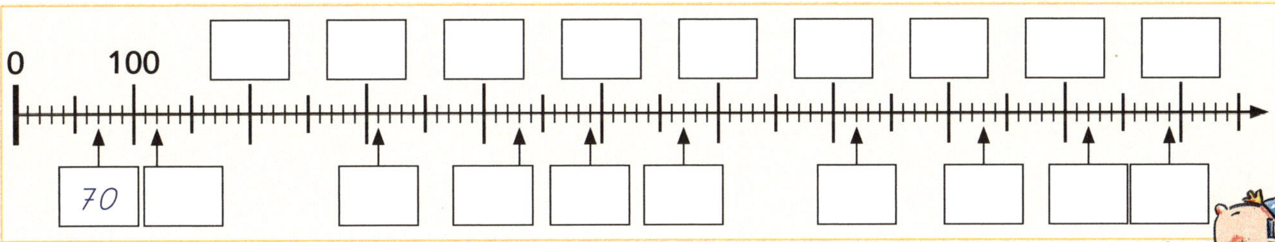

② Nachbarn gesucht

a) Nachbarhunderter: Male den Nachbarhunderter an, der näher liegt.

100	145	200		999			350	
	603			444			770	
	499			555			548	

b) Nachbarzehner: Male den Nachbarzehner an, der näher liegt.

370	376	380		666			692	
	423			502			300	
	719			285			990	

c) Nachbarzahlen

321	322	323		999			491	
	102			100			333	
	690			650			765	

③ ⊲, ⊳ oder ⊜? Setze das richtige Zeichen ein.

796 ◯ 769	189 ◯ 198	654 ◯ 564
505 ◯ 550	323 ◯ 232	990 ◯ 990
610 ◯ 601	472 ◯ 274	204 ◯ 402
393 ◯ 393	913 ◯ 931	725 ◯ 752

★ ④ Zahlenrätsel

Die Zahl ist dreistellig, gerade, hat lauter gleiche Ziffern und ist größer als 700.

______

Die Zahl hat die Ziffern 8, 7, 2. Sie ist kleiner als 870 und ungerade.

______ oder ______

Die größte dreistellige gerade Zahl ist ______ .

Die kleinste dreistellige ungerade Zahl ist ______ .

1 Quadrataufgaben und Kernaufgaben

a)

8 · 8 = ___ 3 · 3 = ___ 9 · 9 = ___ 6 · 6 = ___ 10 · 10 = ___

5 · 5 = ___ 7 · 7 = ___ 4 · 4 = ___ 0 · 0 = ___ 2 · 2 = ___

b)

2 · 7 = ___ 5 · 9 = ___ 10 · 7 = ___ 1 · 4 = ___

2 · 6 = ___ 5 · 8 = ___ 10 · 6 = ___ 1 · 7 = ___

2 Nachbaraufgaben

8 · 8 = ___ 7 · 7 = ___ 10 · 6 = ___ 5 · 8 = ___ 6 · 6 = ___

7 · 8 = ___ 6 · 7 = ___ 9 · 6 = ___ 6 · 8 = ___ 7 · 6 = ___

3 Schreibe die passenden Rechnungen auf.

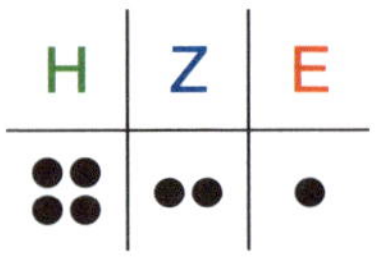

400 + ___

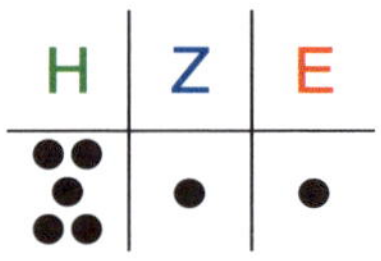

___

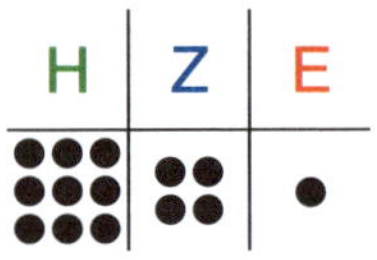

___

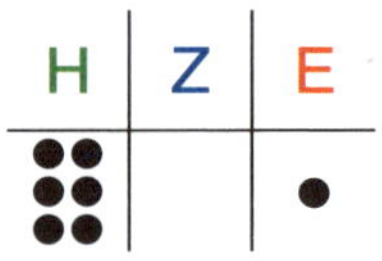

___

4 Zwischen welchen Hundertern liegen diese Zahlen?

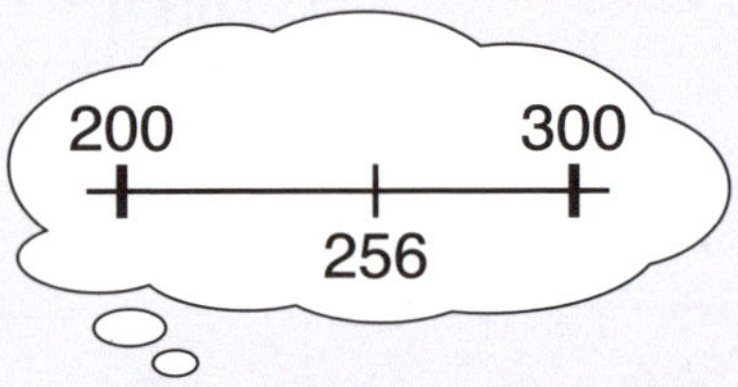

___ 256 ___ ___ 718 ___ ___ 521 ___

___ 261 ___ ___ 324 ___ ___ 876 ___

5 Bim will eine Kugel ziehen. Was könnte passieren? Kreuze an.

a)

☐ Es ist sicher, dass er eine blaue Kugel zieht.

☐ Es ist möglich, dass er eine blaue Kugel zieht.

☐ Es ist unmöglich, dass er eine rote Kugel zieht.

b)

☐ Es ist sicher, dass er eine rote Kugel zieht.

☐ Es ist eher wahrscheinlich, dass er eine rote Kugel zieht.

☐ Es ist sicher, dass er eine blaue Kugel zieht.

SB S. 48/49

1 Malaufgaben mithilfe der Kernaufgaben lösen

a)

5 · 9 = ____	5 · 7 = ____	2 · 9 = ____	2 · 4 = ____	6 · 6 = ____
6 · 9 = ____	6 · 7 = ____	3 · 9 = ____	3 · 4 = ____	7 · 6 = ____

b)

2 · 9 = ____	2 · 6 = ____	6 · 5 = ____	6 · 6 = ____
4 · 9 = ____	4 · 6 = ____	3 · 5 = ____	3 · 6 = ____

2 Einmaleins-Verwandtschaften

40	18	30	32
____ · 8	____ · 3	____ · 5	____ · 4
____ · 4	____ · 6	____ · 6	____ · 8
____ · 5	____ · 2	____ · 3	____ · 16

3 Zerlege in Hunderter, Zehner, Einer. Schreibe sie auf.

586 = ____ + ____ + ____ 809 = ____________ 423 = ____________

4 Nachbarzahlen, Nachbarzehner, Nachbarhunderter

Nachbar-hunderter	Nachbar-zehner	Vorgänger		Nachfolger	Nachbar-zehner	Nachbar-hunderter
			501			
			884			
			699			

5 Simsala möchte eine Kugel ziehen. Was könnte passieren? Kreuze an.

a)

☐ Es ist unmöglich, dass sie eine rote Kugel zieht.

☐ Es ist möglich, dass sie eine blaue Kugel zieht.

☐ Es ist sicher, dass sie eine rote Kugel zieht.

b)

☐ Es ist eher wahrscheinlich, dass sie eine blaue Kugel zieht.

☐ Es ist eher unwahrscheinlich, dass sie eine rote Kugel zieht.

☐ Es ist möglich, dass sie eine rote Kugel zieht.

SB S. 50/51

① Wie verändert sich die Zahl? Zeichne. Rechne.

□□	|||||	•••	+ 20	233 + 20 = 253
□	||||	•••	+ 200	
□□	|||||		•••	+ 3	
□	|||	•••••	+ 100	
□□	||	•••••••	+ 40	
□□□	|||||		•••	+ 5	
□□□			•••••••	+ 50	

② Wie verändert sich die Zahl? Zeichne. Rechne.

□□□	||||	•••••••	– 20	357 – 20 = 337
□□□□	|||	•••••••	– 300	
□□□	||||| ||	•••••••	– 5	
□□□□	|||	•••	– 30	
□□□	||||| ||	•••••••	– 100	
□□□□	||||| |||	•••	– 50	
□□	|||	•••••••••	– 9	

SB S. 50/51

1 Male Rechnung und Ergebnis mit der gleichen Farbe an.

692 – 80 | 476 – 20 | 441 + 200 | 370 – 9 | 365 + 20 | 423 + 6

456 | 385 | 361 | 429 | 641 | 612

2 Färbe bei der ersten Zahl jeweils die Stellen, die sich ändern. Rechne.

a)	b)	c)
500 – 300 = ____	700 + 200 = ____	300 – 100 = ____
560 – 300 = ____	720 + 200 = ____	380 – 100 = ____
560 – 330 = ____	720 + 250 = ____	380 – 160 = ____
564 – 330 = ____	723 + 250 = ____	383 – 160 = ____
564 – 333 = ____	723 + 254 = ____	383 – 162 = ____

3 Denke an die kleine Aufgabe. Rechne.

a)	b)	c)
536 + 8 = ____	653 – 8 = ____	385 + 7 = ____
648 + 5 = ____	976 – 9 = ____	385 – 7 = ____
759 + 6 = ____	523 – 7 = ____	613 + 6 = ____
825 + 7 = ____	412 – 6 = ____	613 – 6 = ____

4 Färbe bei der ersten Zahl jeweils die Stellen, die sich ändern. Rechne.

a)	b)	c)
460 + 50 = ____	630 – 60 = ____	340 + 70 = ____
830 + 80 = ____	450 – 80 = ____	340 – 70 = ____
670 + 60 = ____	720 – 50 = ____	620 + 90 = ____
580 + 90 = ____	540 – 70 = ____	620 – 90 = ____

5 Ergänze. Vergleiche jeweils die beiden Häuser. Was fällt dir auf?

a)

100	
63	
47	
91	

1000	
263	
547	
691	

b)

100	
	39
	72
	45

1000	
	639
	272
	445

Zeichne Häuschen mit dem Ergebnis 1000 in dein 📖.

Addition bis 1000 – Rechenwege ①

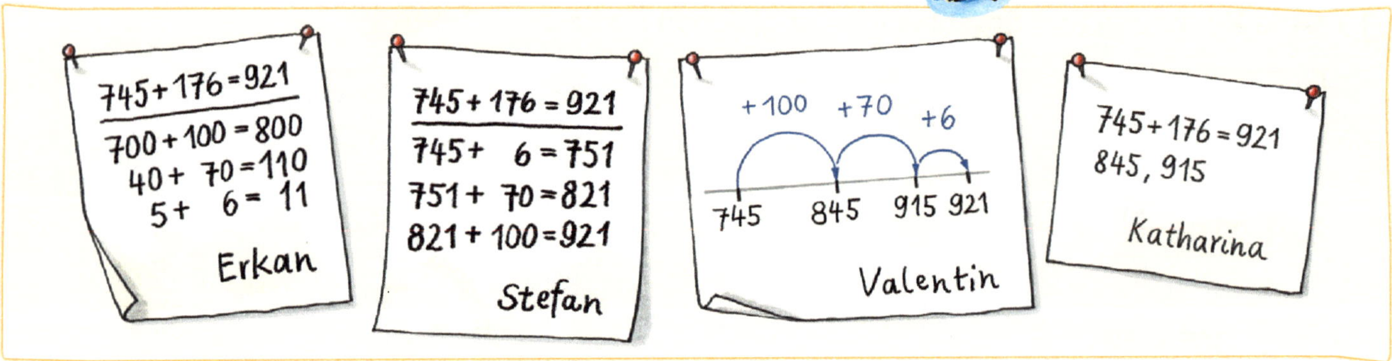

1 Es geht über den Zehner. Rechne auf deinem Weg.

a) 457 + 235 = ______ b) 823 + 168 = ______ c) 617 + 256 = ______

d) 538 + 347 = ______ e) 265 + 418 = ______ f) 346 + 525 = ______

2 Es geht über den Hunderter. Rechne auf deinem Weg.

a) 486 + 251 = ______ b) 365 + 173 = ______ c) 291 + 643 = ______

d) 354 + 468 = ______ e) 135 + 587 = ______ f) 379 + 443 = ______

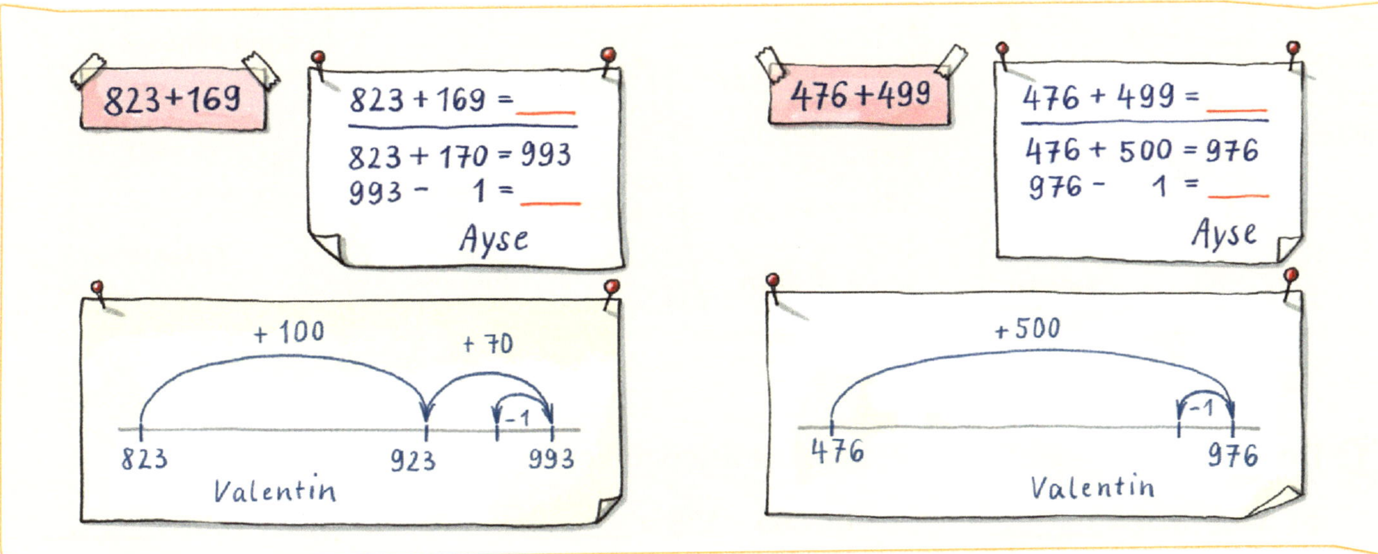

① Nahe am vollen Zehner oder nahe am vollen Hunderter: Rechne geschickt.

a) 823 + 169 = ______ b) 523 + 448 = ______ c) 682 + 239 = ______

d) 476 + 499 = ______ e) 634 + 199 = ______ f) 357 + 298 = ______

② Rechne auch hier geschickt.

200 + 582

a) 199 + 582 = ______ b) 397 + 436 = ______ c) 698 + 117 = ______

Subtraktion bis 1000 – Rechenwege ①

SB S. 54/55

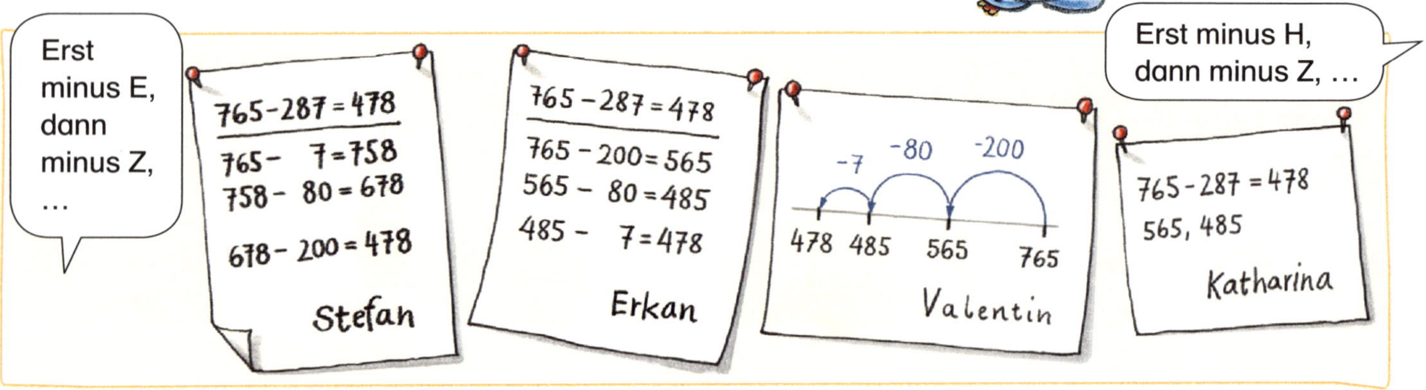

1 Der Zehner wird „geknackt“. Rechne auf deinem Weg.

a) 542 – 326 = ______ b) 665 – 138 = ______ c) 871 – 756 = ______

d) 483 – 247 = ______ e) 954 – 415 = ______ f) 796 – 578 = ______

2 Der Hunderter wird „geknackt“. Rechne auf deinem Weg.

a) 816 – 453 = ______ b) 935 – 671 = ______ c) 564 – 182 = ______

d) 454 – 395 = ______ e) 723 – 567 = ______ f) 642 – 278 = ______

Subtraktion bis 1000 – Rechenwege ②

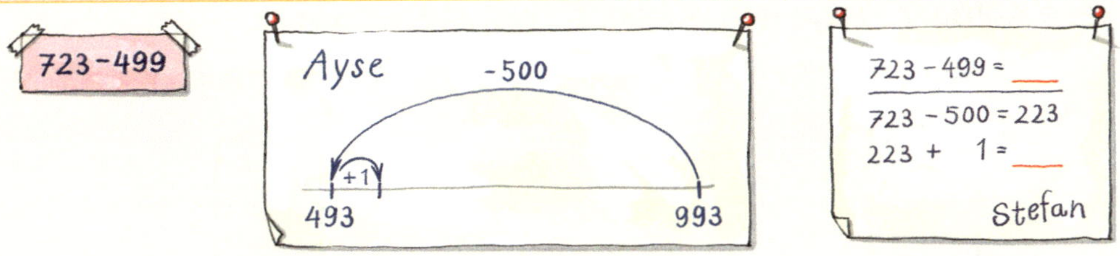

① Nahe am vollen Hunderter: Rechne geschickt.

a) 723 – 499 = ______ b) 523 – 399 = ______ c) 482 – 199 = ______

d) 614 – 398 = ______ e) 941 – 597 = ______ f) 853 – 696 = ______

② Abziehen oder ergänzen? Rechne auf deinem Weg.

a) 400 – 82 = ______ b) 600 – 36 = ______ c) 400 – 17 = ______

d) 1000 – 49 = ______ e) 1000 – 7 = ______ f) 1000 – 68 = ______

Körper

SB S. 56

① Wie heißen diese Körper? Trage den richtigen Buchstaben ein.

ⓐ Kugel ⓑ Würfel ⓒ Quader ⓓ Pyramide ⓔ Zylinder

____ ____ ____ ____ ____

② Simsala hat jeden Körper dreimal in Sand gedrückt. Ordne zu.

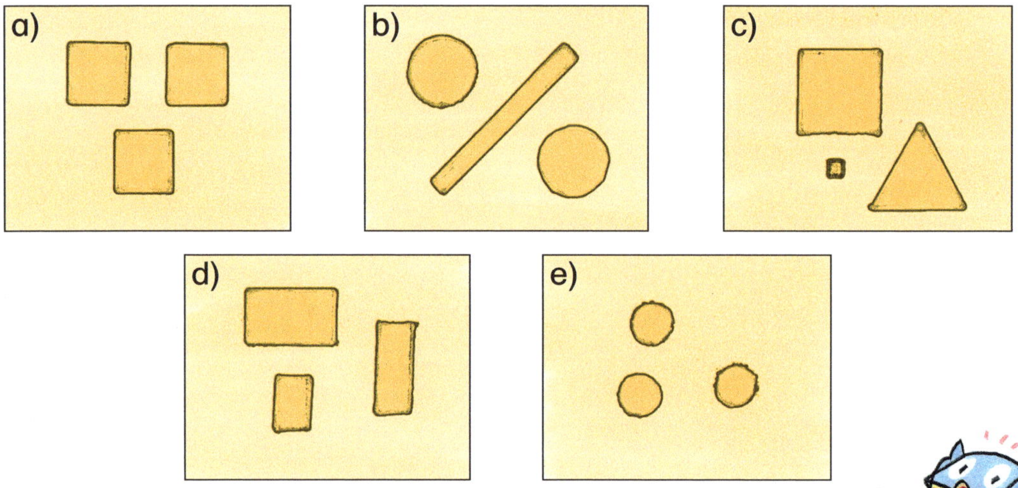

☐	Quader
a	Würfel
☐	Zylinder
☐	Kugel
☐	Pyramide

③ Welcher Körper ist das? Schreibe auf.

a) Der Körper hat keine Kanten und keine Ecken.

____

b) Die 6 Flächen des Körpers sind gleich große Quadrate. Der Körper hat 12 Kanten und 8 Ecken.

____

c) Der Körper hat 3 Flächen, 2 davon sind Kreise. Der Körper sieht aus wie eine Walze.

____

d) Viele Schachteln sehen so aus. Der Körper hat 6 Flächen, die aber nicht alle gleich groß sind. Er hat 12 Kanten und 8 Ecken.

____

④ Welche Körperformen würdest du verwenden …

a) … zum Fußballspielen? ____________________

b) … zum Bau einer Mauer? ____________________

____

c) … zum Ausrollen von Teig? ____________________

Erkläre in deinem 📖.

SB S. 57

Manchmal musst du zweimal ankreuzen!

① Kreuze an ☒.

a)

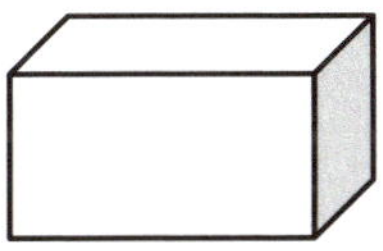

☐ Quader
☐ Würfel

b)

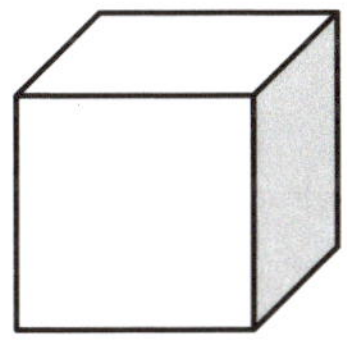

☐ Quader
☐ Würfel

c)

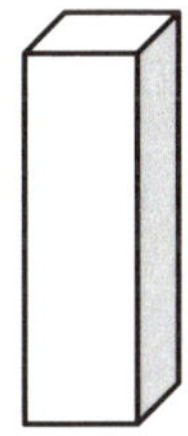

☐ Quader
☐ Würfel

d)

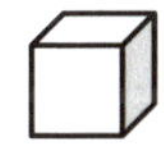

☐ Quader
☐ Würfel

② Ergänze die Tabelle.

Würfel		Quader
	Anzahl der Ecken	
	Anzahl der Kanten	
	Anzahl der Flächen	
	Flächenformen	

Was unterscheidet den Würfel vom Quader? Beschreibe.

____

____

____

③ Würfelkippen – Geometrie im Kopf
Überlege zuerst. Überprüfe dann mit einem Würfel.

	Start	

Lege deinen Würfel immer so auf Start:

Welche Würfelzahl liegt nach den Kippbewegungen oben? Kreuze an ⓧ.

a) Kippe den Würfel nach rechts, dann von dir weg.

○  ○  ○ 

b) Kippe den Würfel zu dir hin, dann nach links.

○  ○  ○ 

c) Kippe den Würfel nach links, dann von dir weg, dann nach rechts.

○  ○  ○ 

(1) Von wo aus siehst du das Bauwerk? Trage ein.

von oben	von rechts	von links	von hinten	von vorne

a)

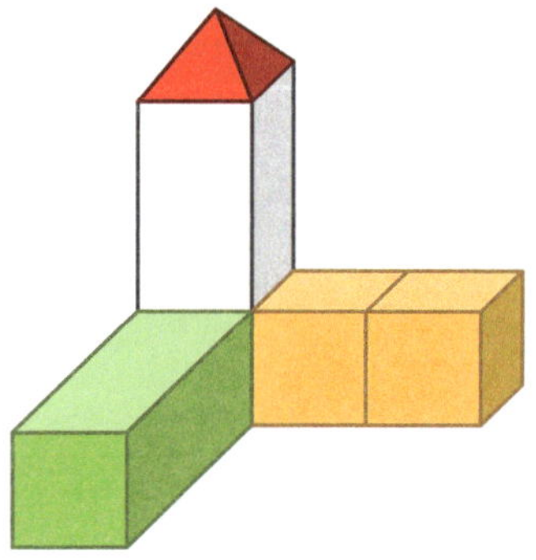

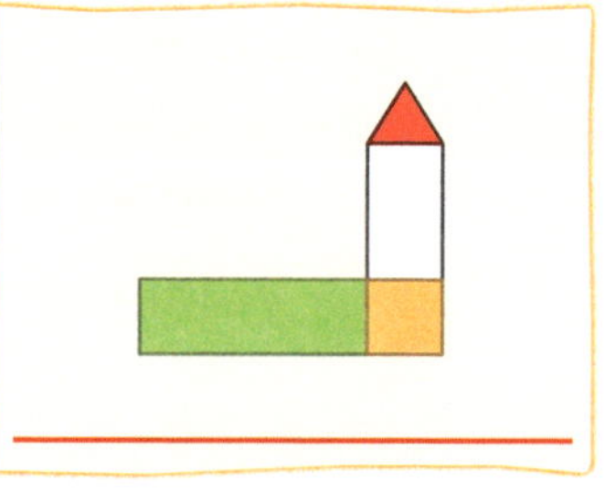

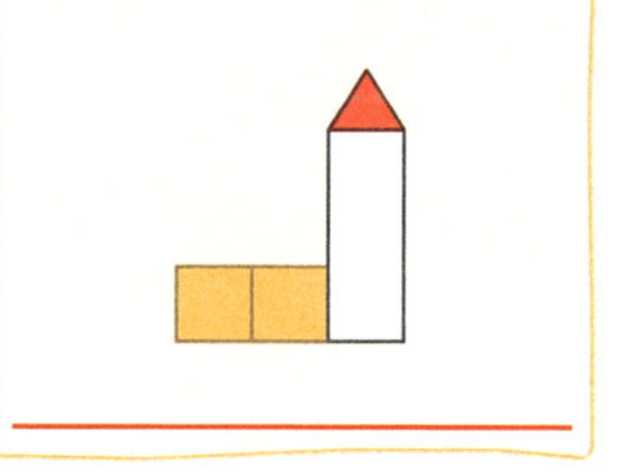

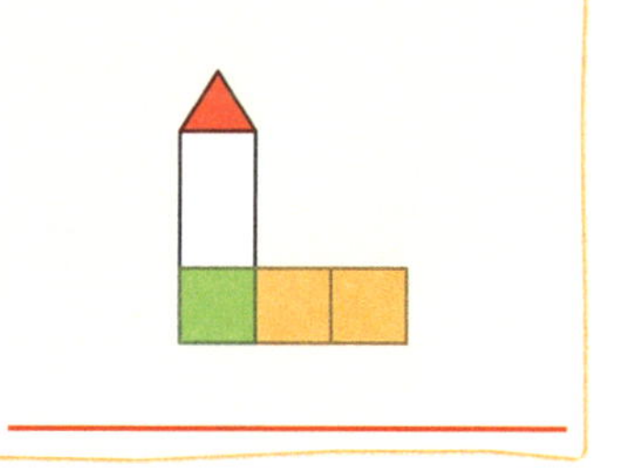

b)

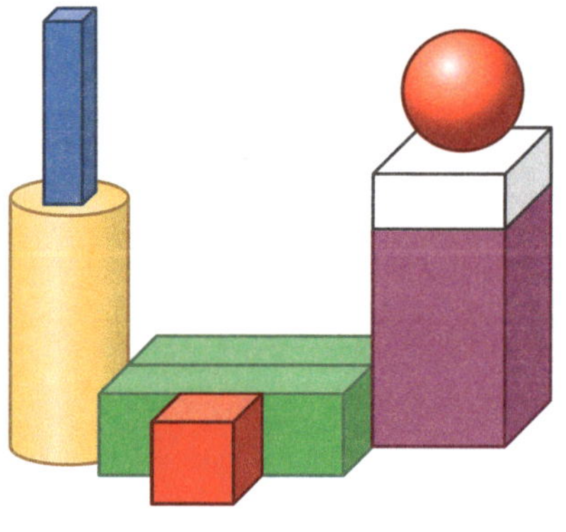

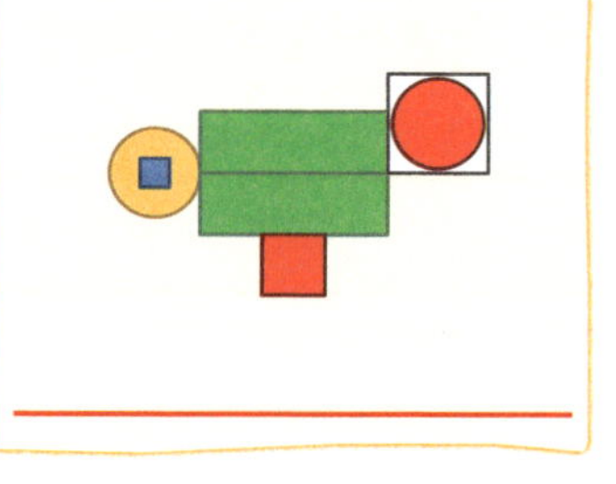

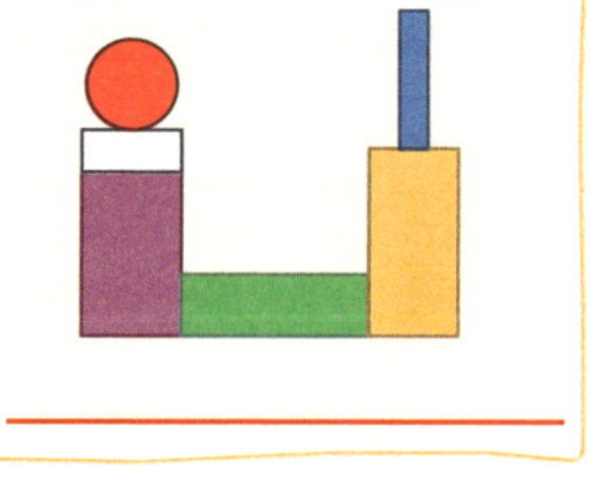

(2) Körperrätsel

Ich fühle 6 quadratische Flächen, 8 Ecken und 12 Kanten.	Ich fühle keine Ecken und keine Kanten.	Er kann rollen und kippen.	Ich fühle 6 rechteckige Flächen, 8 Ecken und 12 Kanten.
Kugel	Zylinder	Würfel	Quader

Würfelnetze

SB S. 60/61

① Aus welchen Netzen kann man einen Würfel falten? Kreise sie ein.

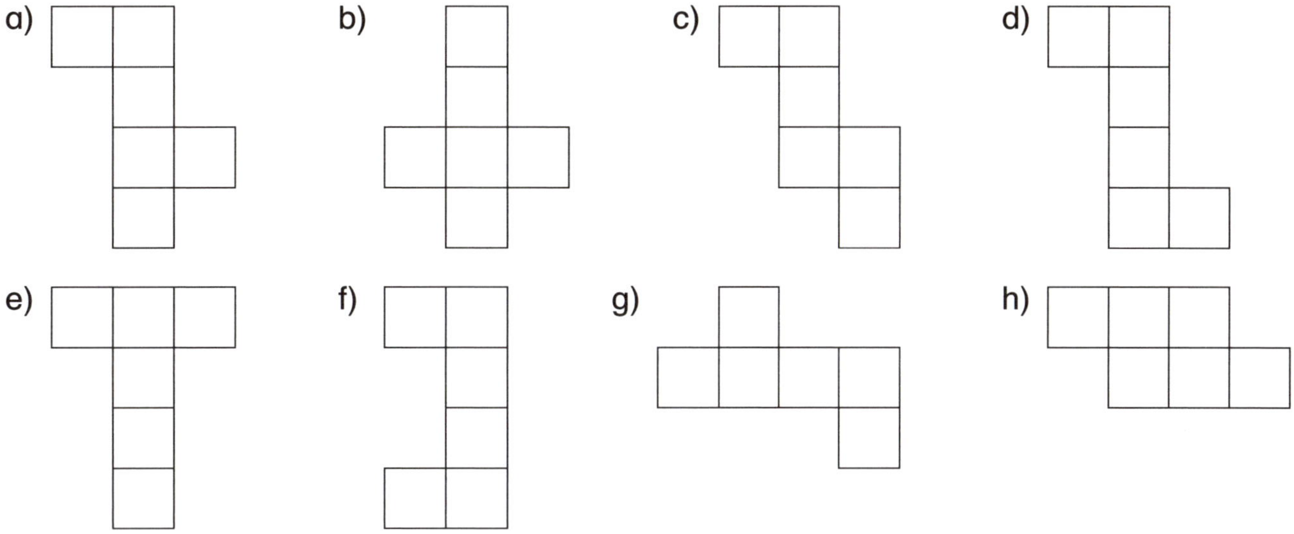

② Ergänze zu vollständigen Würfelnetzen. Finde verschiedene Netze.

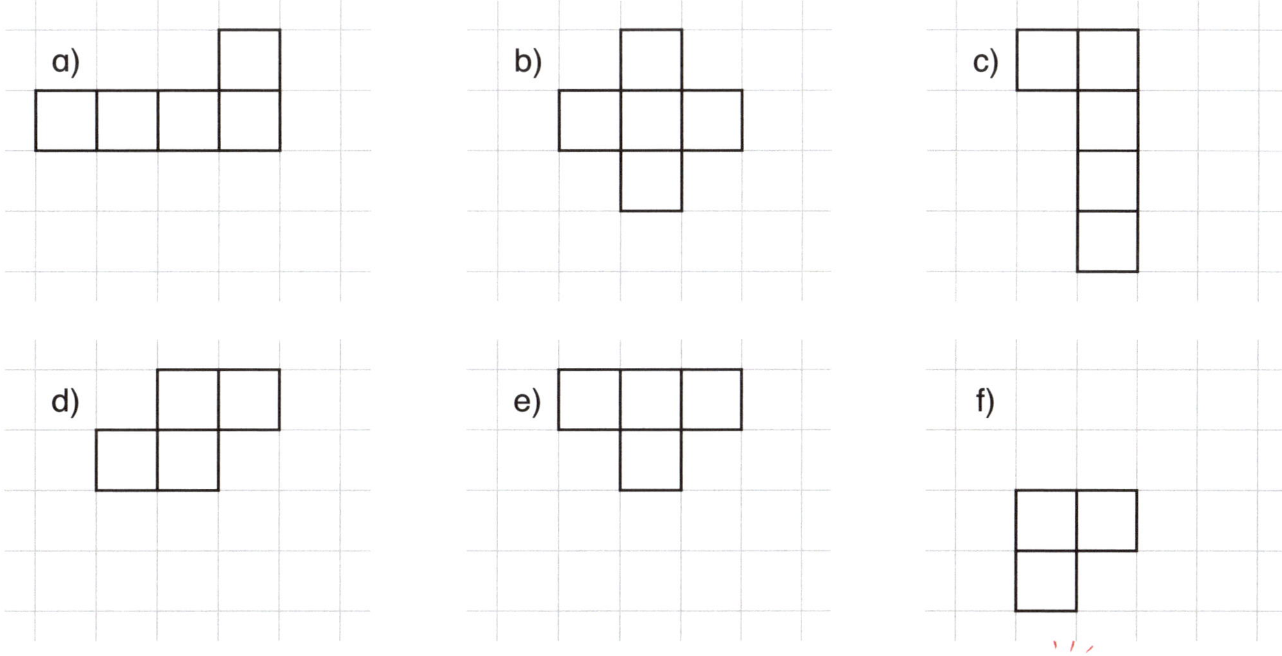

★ ③ Zeichne die fehlenden Würfelpunkte ein.

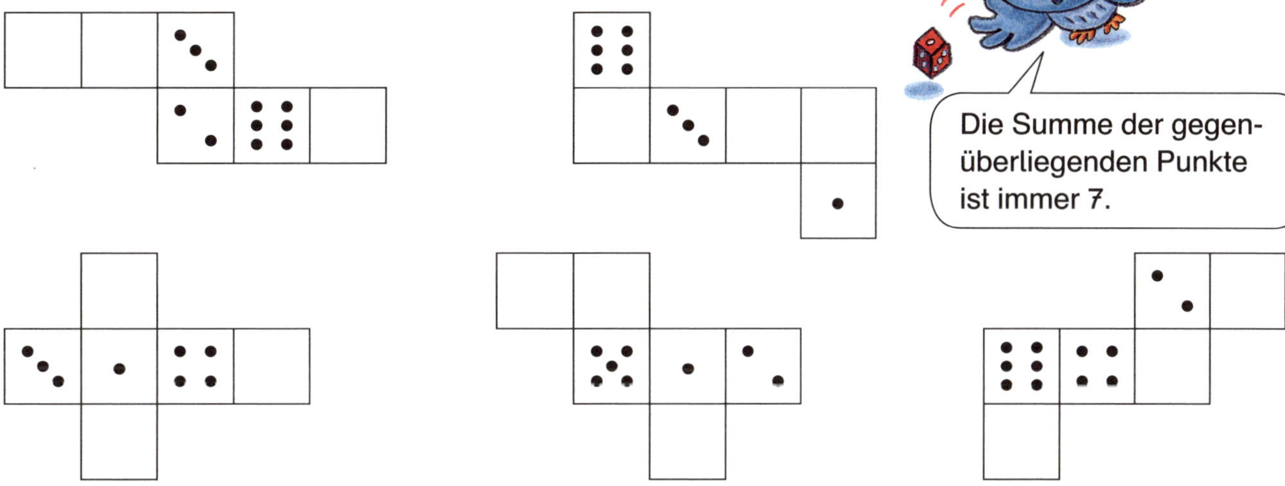

SB S. 62/63

① Zeichne und rechne.

a)

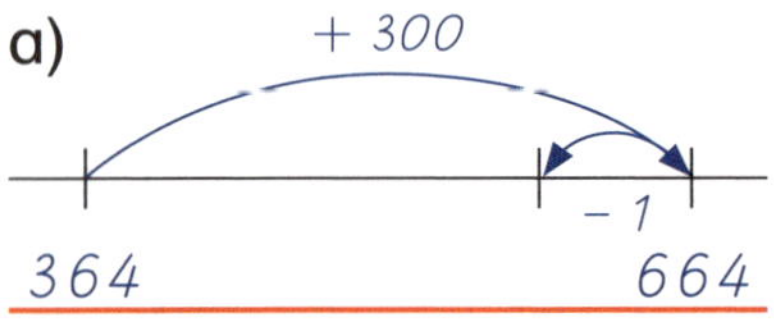

364 + 299 = ____	678 + 197 = ____	452 + 490 = ____

b)

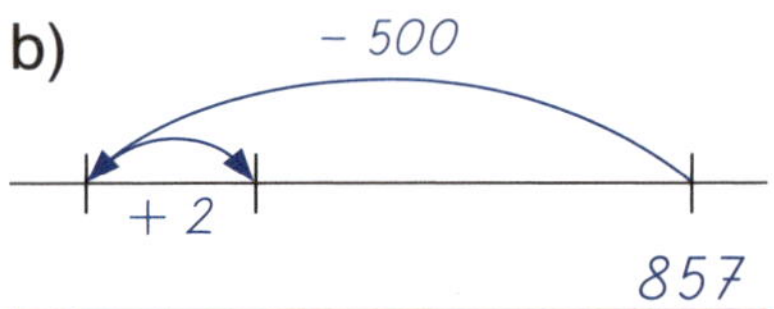

857 − 498 = ____	525 − 96 = ____	711 − 597 = ____

② Welcher Ballon gehört zu welchem Korb? Löse durch Ergänzen und verbinde.

③ Finde durch den Überschlag die restlichen 4 Fehler. Rechne die Aufgaben dann richtig.

a) 597 + 354 = 951 ✓
236 + 399 = ~~535~~ 635
618 + 196 = 813 ____
475 + 290 = 765 ____
342 + 399 = 641 ____

b) 336 − 198 = 138 ____
728 − 95 = 633 ____
473 − 297 = 276 ____
982 − 499 = 484 ____
865 − 299 = 566 ____

SB S. 64/65

① Male die Glücksräder aus.

hohe Gewinnchance blau	unmöglich blau	sicher rot	kaum Gewinnchance rot

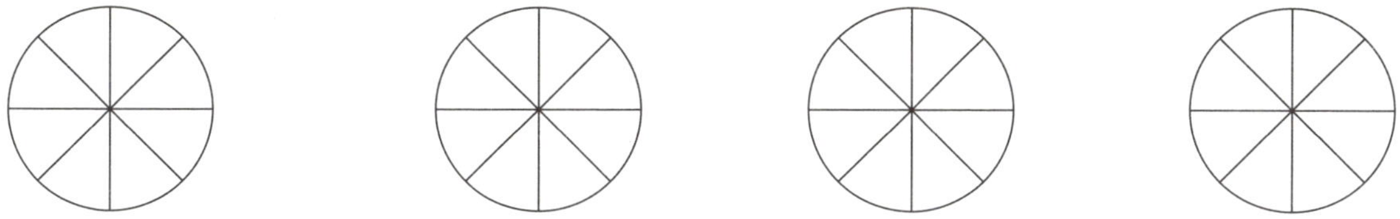

② Bei welchen Glücksrädern haben beide Spieler gleiche Gewinnchancen? Kreuze sie an ☒.

a) Spieler 1: rot

Spieler 2: blau

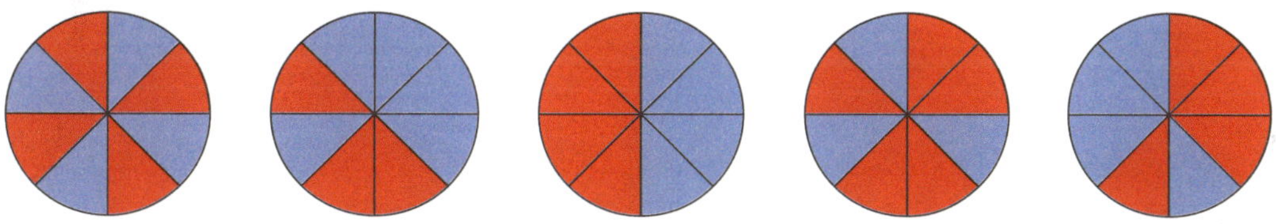

☐ ☐ ☐ ☐ ☐

★ b) Spieler 1: ungerade Zahl

Spieler 2: Zahl durch 3 teilbar

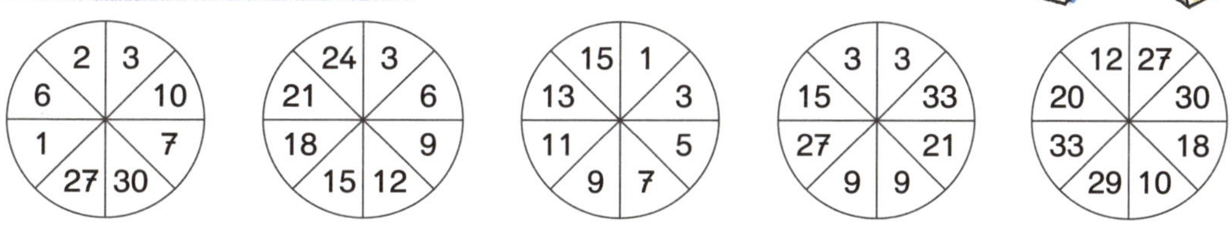

☐ ☐ ☐ ☐ ☐

③ Kreuze richtige Aussagen an ☒.

a)

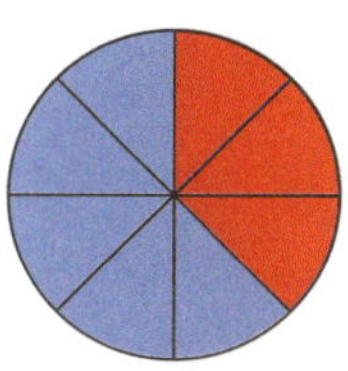

☐ Es kommt sicher rot.

☐ Gelb zu bekommen ist unmöglich.

☐ Blau ist wahrscheinlicher als rot.

b)

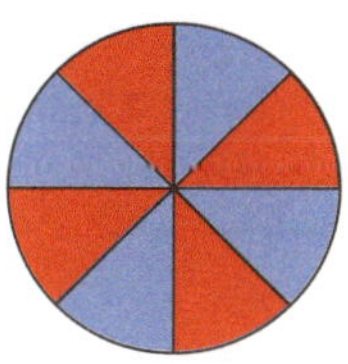

☐ Blau ist wahrscheinlicher als rot.

☐ Rot zu bekommen ist möglich.

☐ Rot ist unwahrscheinlicher als blau.

Skizzen zeichnen

SB S. 66/67

Lies die Aufgaben genau. Zeichne die Skizzen fertig, trage alle Angaben ein und rechne.

(1) Frau Kurz will ihre neue Pferde-Koppel einzäunen. Die Koppel ist 24 m lang und 17 m breit. An einer der langen Seiten soll eine Öffnung von 3 m für ein Tor frei bleiben.
Wie viel Meter Zaun benötigt Frau Kurz?

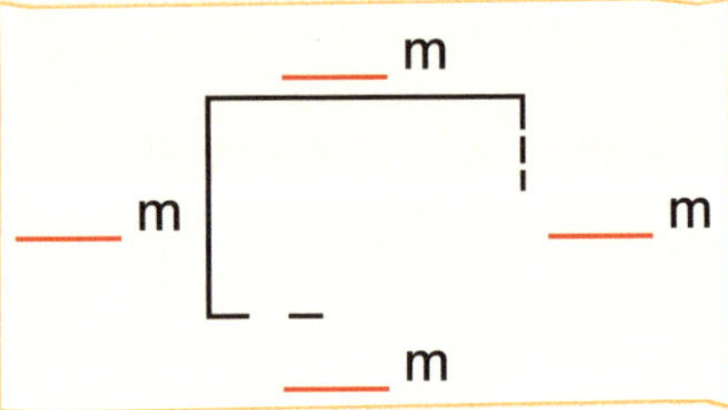

R:

A: ______________________

(2) Ben ist 32 cm kleiner als seine Mutter und 12 cm größer als seine Schwester Tina.
Vater ist 1 m 88 cm groß. Er ist 16 cm größer als die Mutter.
Wie groß sind Ben, Tina und Mutter?

Vater: 1,88 m Mutter: ______ m Ben: ______ m Tina: ______ m

R:

A: ______________________

(3) Felix besucht seine Oma. Um 9.25 Uhr fährt der Zug los. Unterwegs hat er 30 Minuten Aufenthalt. Um 11.10 Uhr kommt Felix bei seiner Oma an.

a) Wie lange war Felix unterwegs?
b) Wie lange war die reine Fahrzeit?

9.25 Uhr

R:

A: ______________________

____

1. Eulalia fliegt über den See. Sie zählt heute 40 Beine.
Wie viele Frösche und Enten könnten es sein?

2. Zahlenrätsel: Wie heißt meine Zahl?

Ich dividiere meine Zahl durch 8, multipliziere das Ergebnis mit 9, addiere 28 und erhalte 100.

	→	: 8	→	· 9	→	+ 28	→	100
	←		←		←		←	

Wenn ich zu meiner Zahl 75 addiere, vom Ergebnis 180 subtrahiere und dann durch 4 dividiere, erhalte ich 5.

	→		→		→		→	
	←		←		←		←	

Ich denke mir eine Zahl, multipliziere sie mit 10, dividiere durch 2, addiere zum Ergebnis 20 und erhalte 40.

	→		→		→		→	
	←		←		←		←	

① Schreibe mit Komma.

3 m 25 cm = 3,25 m　　8 m 4 cm = ______　　904 cm = ______

6 m 71 cm = ______　　4 m 6 cm = ______　　370 cm = ______

7 m 20 cm = ______　　5 m 9 cm = ______　　821 cm = ______

② Schreibe in cm.

4 m 61 cm = 461 cm　　4,50 m = ______　　7,03 m = ______

3 m 88 cm = ______　　5,12 m = ______　　4,70 m = ______

2 m 8 cm = ______　　8,19 m = ______　　8,21 m = ______

③ Immer 3 Angaben gehören zusammen. Färbe sie gleich.

600 cm　　6,20 m

6 m 12 cm　　6 m 2 cm　　6,12 m　　6,00 m　　602 cm

6 m　　620 cm　　612 cm　　6,02 m　　6 m 20 cm

④ Welche Zeichnung passt zu welcher Geschichte?
Schreibe den passenden Buchstaben dazu. Rechne und antworte.

a) Claudia ist 1,27 m groß. Sie ist 34 cm größer als ihr Bruder Mark.
Wie groß ist Mark?

R: ______

A: ______

b) Jana und ihre Puppe sind zusammen so groß wie Mama. Jana ist 1,28 m, die Puppe ist 44 cm groß. Wie groß ist Mama?

R: ______

A: ______

c) Meral und ihre Schwester sind zusammen so groß wie Vater. Meral ist 1,10 m und ihr Vater 1,87 m groß. Wie groß ist Merals Schwester?

R: ______

A: ______

d) Anja ist 1,27 m groß, 34 cm kleiner als ihr Bruder Tobias.
Wie groß ist Tobias?

R: ______

A: ______

⑤ Wie groß ist der kleinste Mensch? Wie groß ist der größte Mensch? Forsche nach.
Zeichne eine Skizze in dein 📖. Vergleiche.

Optische Täuschungen

1 Vermute zuerst und miss dann genau.

a) Welcher rote Strich ist länger?

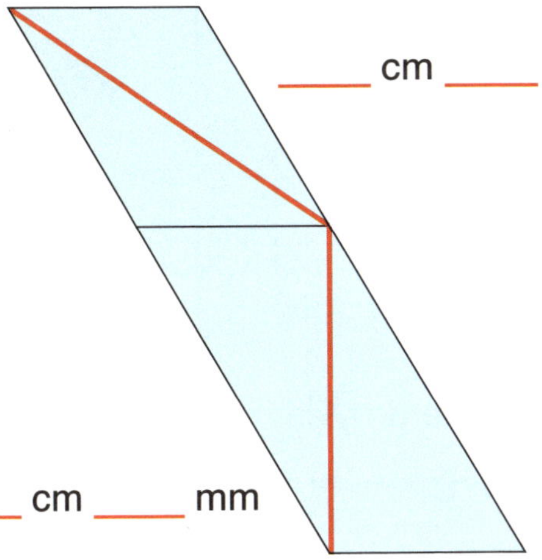

___ cm ___ mm

___ cm ___ mm

b) Ist das Kreuz näher an der Spitze oder näher am unteren Rand?

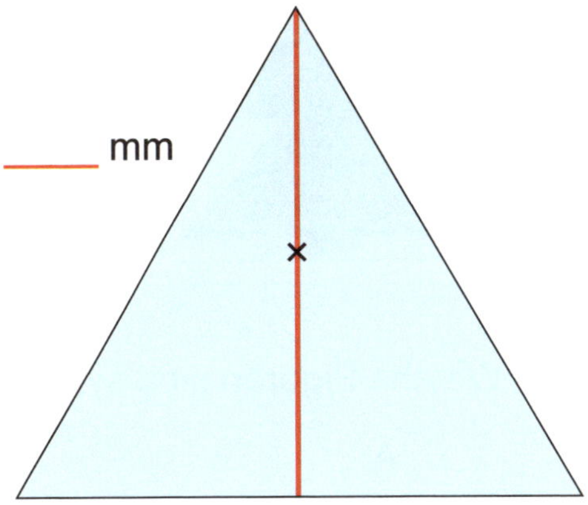

___ cm ___ mm

___ cm ___ mm

2 Zentimeter und Millimeter: Lies ab, verbinde und trage ein.

8 mm | 3 cm 6 mm | 81 mm | 10 cm 8 mm | 16 cm 5 mm

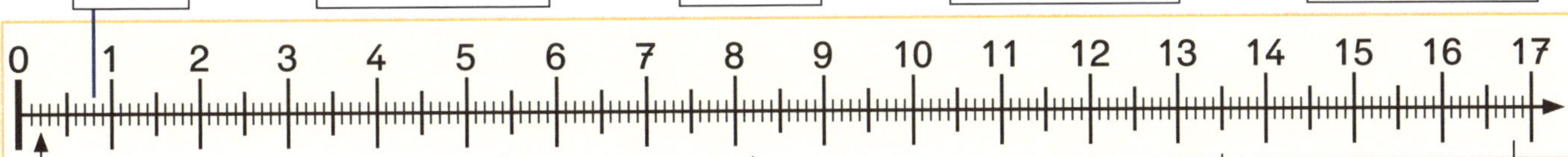

2 mm | ___ mm | ___ cm ___ mm | ___ mm | ___ cm ___ mm

3 Zeichne die Strecken.

a)

18 mm
20 mm
13 mm
32 mm

b)

2 cm 3 mm
5 cm 1 mm
3 cm 5 mm
4 cm 4 mm

4 Wandle um.

a) 4 cm 3 mm = ___ mm

11 cm 9 mm = ___ mm

7 cm 3 mm = ___ mm

b) 93 mm = ___ cm ___ mm

100 mm = ___ cm ___ mm

55 mm = ___ cm ___ mm

5 Wie hoch sind die Gebäude? Miss genau.

___ ___ ___ ___ ___

Symmetrische Figuren

SB S. 74/75

(1) Überprüfe mit dem Zauberspiegel. Wo haben die Figuren eine Spiegelachse? Zeichne sie ein.

(2) Welche Figuren sind symmetrisch? Überprüfe. Kreuze sie an ☒.

A

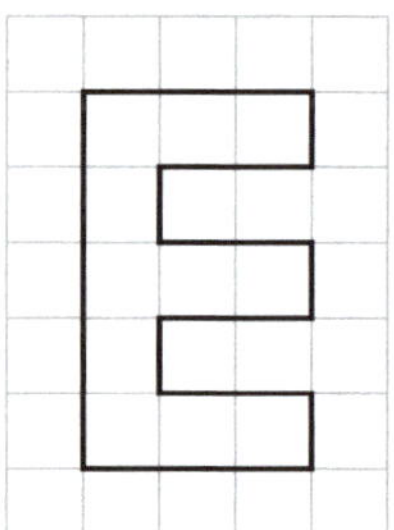

☐

B

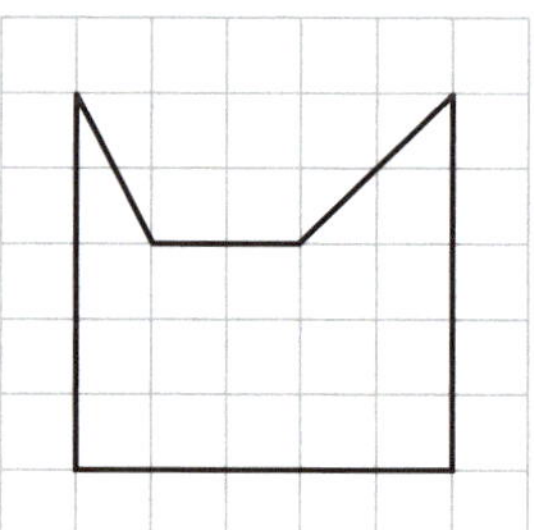

☐

C

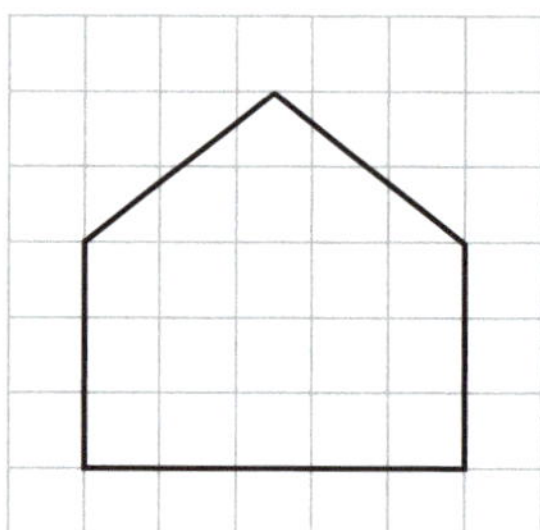

☐

D

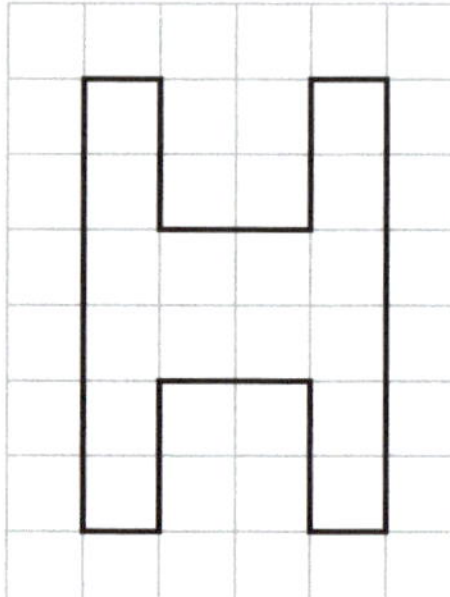

☐

E

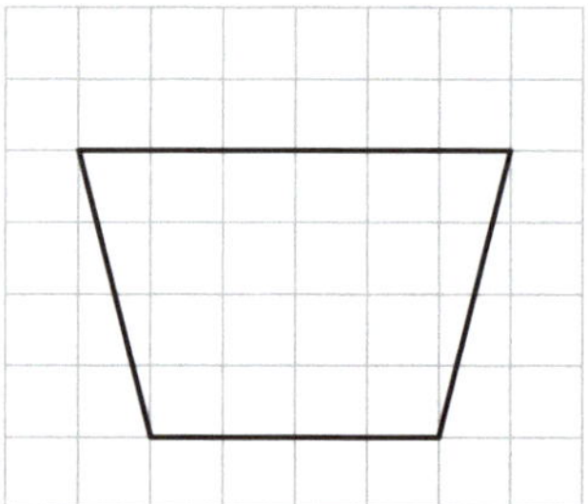

☐

F

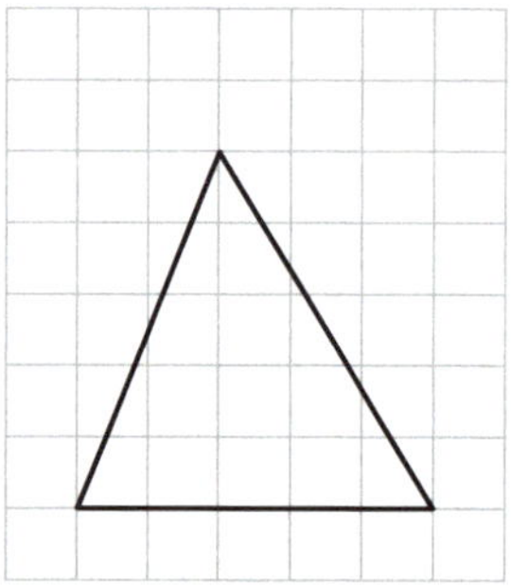

☐

G

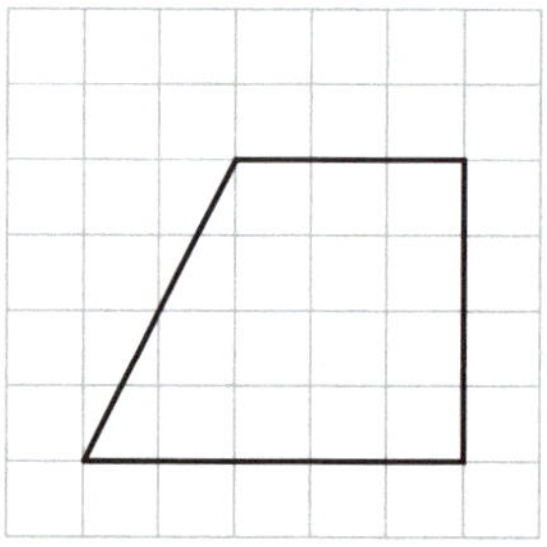

☐

H

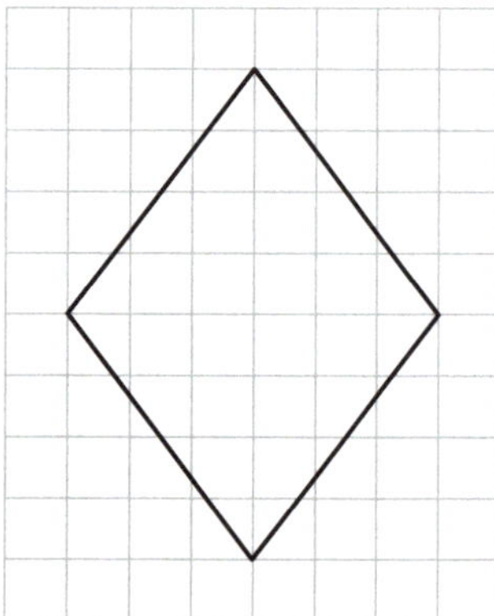

☐

(3) Trage die noch fehlenden Spiegelachsen ein. Gib die Anzahl an.

A

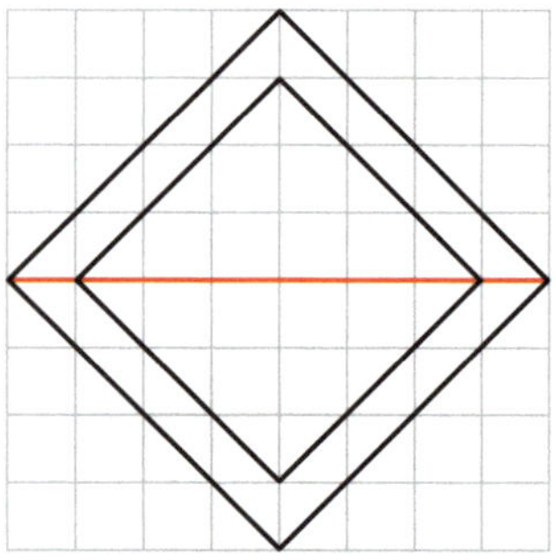

B

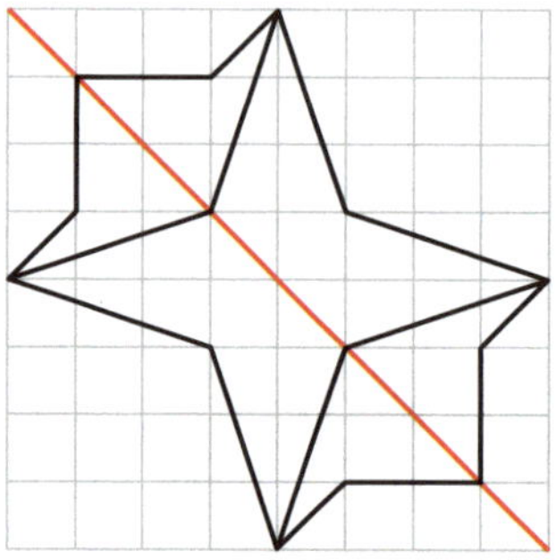

C

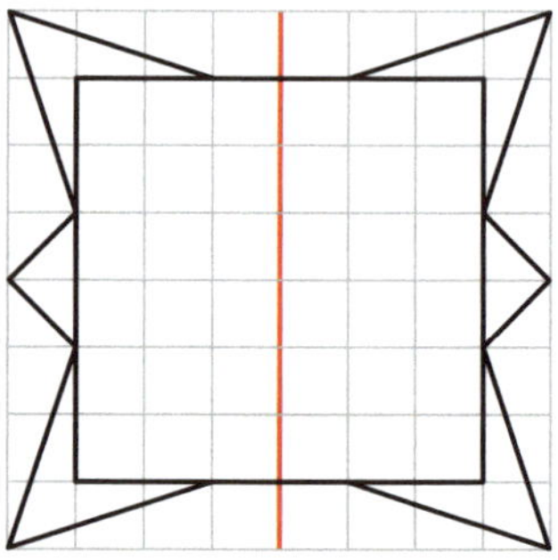

Figur A hat ____ Spiegelachsen.

Figur B hat ____ Spiegelachsen.

Figur C hat ____ Spiegelachsen.

Bilder erspiegeln – symmetrisch ergänzen

SB S. 76/77

① Spiegle die Ausgangsfigur. Umrahme das Spiegelbild.

② Erspiegle die Bilder. Wo muss der Spiegel stehen?
Bei welcher Figur geht es nicht? Kreuze sie an ☒.

Ausgangsfigur A B C D

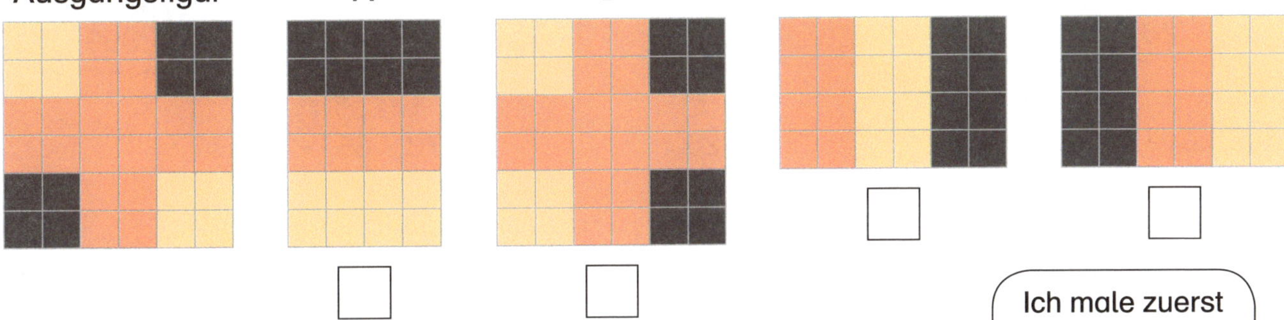

③ Ergänze symmetrisch.

a)

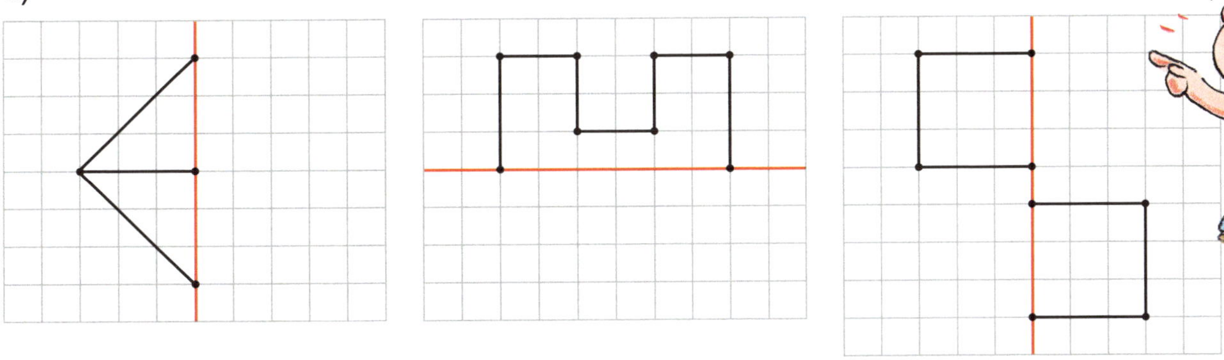

b)

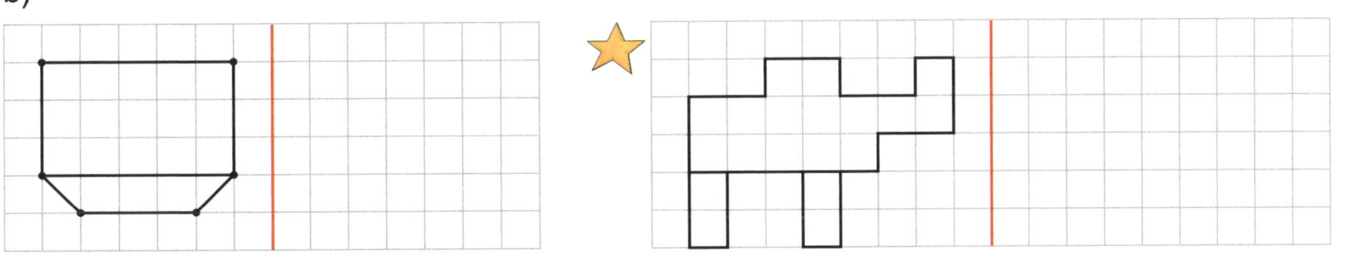

Zeichne symmetrische Figuren in dein 📖.

SB S. 78/79

1 Rechne. Welche Stelle ändert sich?

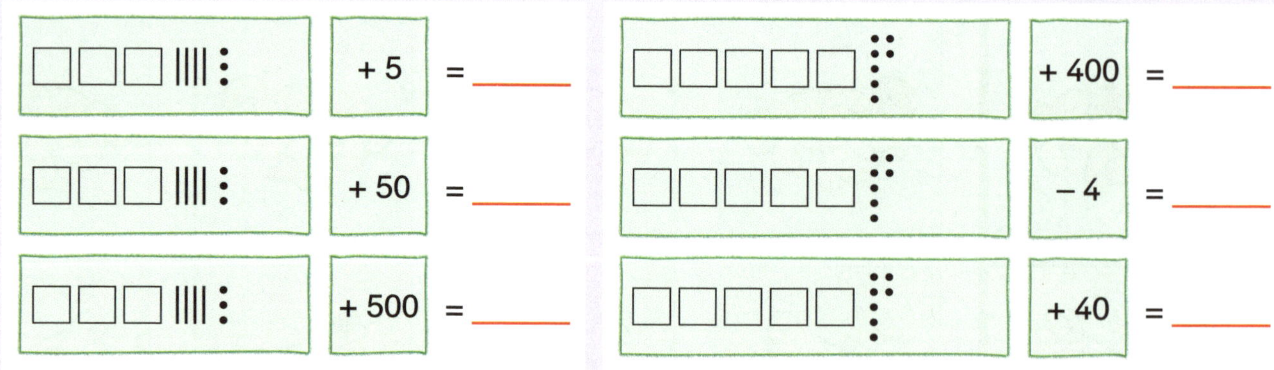

2 Ergänze. Vergleiche jeweils die beiden Häuser. Was fällt dir auf?

a) b)

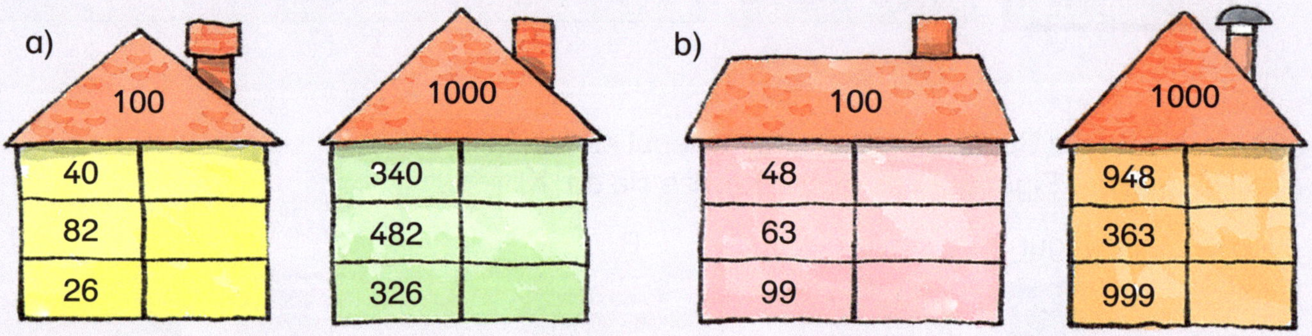

3 Löse auf deinem Weg: 366 + 25 873 – 65

4 Wie heißen die Körper? Verbinde.

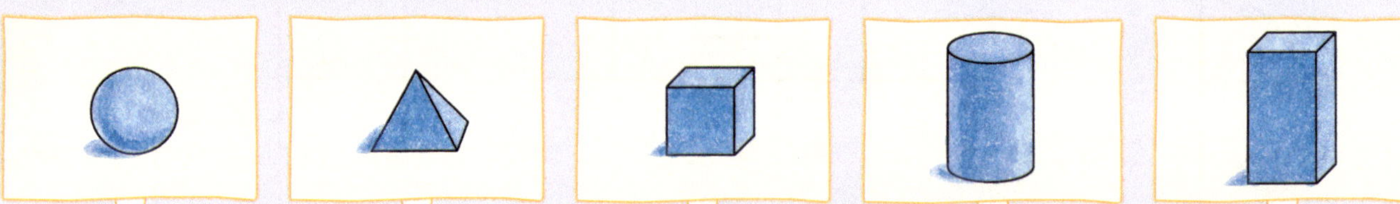

Würfel Quader Kugel Zylinder Pyramide

5 Ergänze symmetrisch.

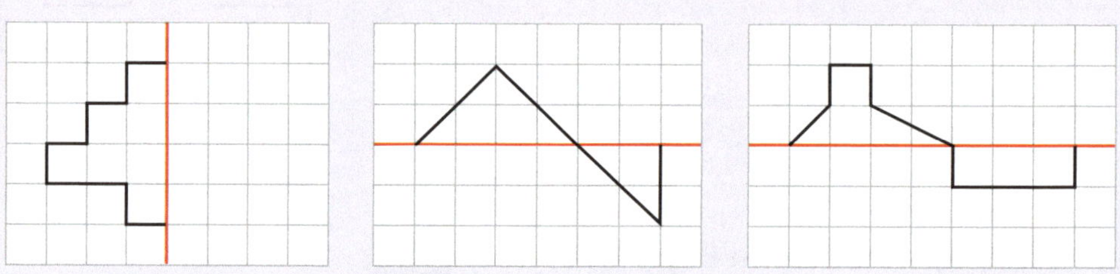

1 Von leichten zu schweren Aufgaben

a)
400 + 300 = ______
400 + 340 = ______
400 + 346 = ______
420 + 300 = ______
420 + 340 = ______
420 + 346 = ______

b)
900 – 700 = ______
900 – 710 = ______
900 – 716 = ______
920 – 700 = ______
920 – 710 = ______
920 – 716 = ______

c)
640 + 200 = ______
640 + 270 = ______
640 + 277 = ______
680 – 300 = ______
680 – 390 = ______
680 – 395 = ______

2 Ergänze.

700	
324	
416	
625	

900	
801	
620	
407	

500	
199	
483	
105	

1000	
629	
207	
411	

3 Zeichne und rechne.

982 – 396 = ______

763 – 599 = ______

4 Ergänze die Tabelle.

	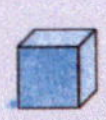		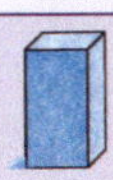
Ecken			
Kanten			
Seitenflächen			
Flächenformen			

5 Ergänze symmetrisch.

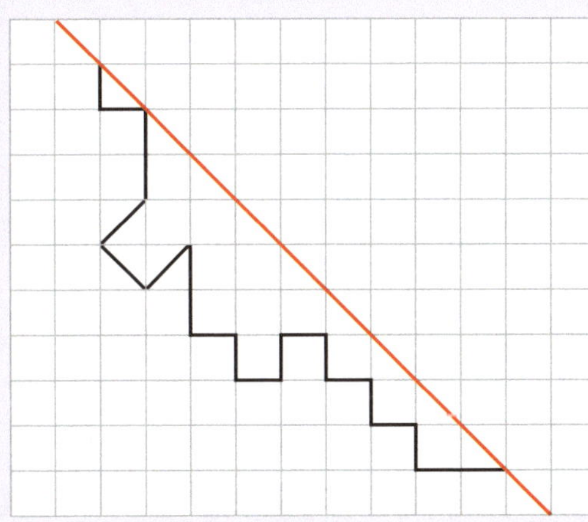

SB S. 80/81

1 Mit und ohne Übertrag an der Z-Stelle: Rechne.

229 + 537	146 + 821	535 + 356	454 + 237	762 + 234	339 + 446
365 + 427	682 + 317	181 + 513	623 + 258	118 + 461	453 + 219

2 Kein Übertrag, ein Übertrag, zwei Überträge? Rechne.

244 + 638	444 + 475	348 + 291	582 + 343	764 + 158	565 + 273
832 + 109	367 + 574	455 + 277	627 + 98	582 + 134	736 + 208

3 Schreibe stellengerecht untereinander und rechne.

256 + 77

272 + 462

176 + 587

329 + 67

37 + 751

583 + 194

4 Schreibe sechs Aufgaben mit Übertrag in dein [Heft].

Vorsicht Fehler! ⊕

① a) Aufgepasst bei der Null!

418	388	642	178	83	585
+ 252	+ 202	+ 59	+ 231	+ 317	+ 275

b) Aufgepasst beim Übertrag! 1 gemerkt oder 2 gemerkt?

252	139	282	425	182	718
494	244	134	216	465	135
+ 162	+ 358	+ 591	+ 143	+ 371	+ 67

② Suche in jeder Aufgabe den Fehler. Verbinde mit dem passenden Tipp.
Rechne die Aufgaben neu.

372	426	41
+ 485 (Übertrag 1)	+ 53	+ 422
867	956	832

⊕ Rechnen bis 20 üben!

Stellengerecht untereinander schreiben!

Aufgepasst beim Übertrag!

681	327	54
+ 274	+ 368 (Übertrag 1)	+ 327
855	696	867

③ Klecksaufgaben

6■■	4■2	26■	■15	2■8	■1■
+ 374	+ 38■	+ 5■5	+ 2■8	+ ■6■	+ 4■9
997	792	852	653	543	702

Übung macht den Meister ⊕

SB S.83

(1) Rechne nur die Aufgaben, deren Summe …

a) … zwischen 400 und 500 liegen,

228	384	342	179	94	165
+ 256	+ 292	+ 89	+ 256	+ 312	+ 278

b) … zwischen 700 und 800 liegen.

446	513	286	374	162	203
+ 297	+ 188	+ 467	+ 285	+ 596	+ 599

(2) Ziffernkarten: 0 2 3 4 5 6

Bilde aus den Ziffernkarten jeweils zwei dreistellige Zahlen. Addiere. Finde mehrere Aufgaben.

(3) Ziffernkarten: 2 3 4 5 6 7

Bilde mit den Ziffernkarten zwei dreistellige Zahlen, sodass du diese Ergebnisse erhältst. Verwende immer alle Ziffernkarten.

das kleinste Ergebnis	das größte Ergebnis	Ergebnis 999	H-Stelle: 9 E-Stelle: 8	Ergebnis 900
+	+	+	+	+
		999	9 _ 8	900

SB S. 84/85

(1) Trage die Vergleichsgewichte ein.

50 g	100 g	25 g	~~1 kg~~	250 g	500 g	1000 g	2 g

_1_ kg ____ g ____ g ____ g ____ g ____ g ____ g

____

(2) a) Immer 500 g. Berechne die Anzahl.

____ Becher Margarine ____ Tafeln Schokolade ____ Päckchen Butter

b) Immer 100 g. Berechne die Anzahl.

____ Semmeln ____ Gummibärchen ____ Knusperriegel

(3) a) Ordne zu.

2 g	10 g	500 g	20 kg	50 kg	2 kg

b) Ordne der Größe nach. Beginne mit dem kleinsten Gewicht.

____

(4) Berechne die fehlenden Gewichte.

Fruchtfleisch	132 g	206 g		115 g	59 g	46 g	
Kernhaus, Schale, …	33 g	65 g	13 g	7 g		3 g	20 g
Gesamtgewicht	165 g		148 g		74 g		192 g

SB S. 86/87

① Schultaschenrätsel

a) Tinas Schultasche wiegt 3670 g. Sie nimmt das Federmäppchen und das Wörterbuch heraus. Wie viel wiegt der Ranzen jetzt?

b) Tims Tasche wiegt 2630 g. Er packt noch einen Block und das Englischbuch ein. Wie viel wiegt die Tasche jetzt?

c) Anna sagt: Ich packe das Sprachbuch, das Heft und den Block ein. Um wie viel ist meine Tasche jetzt schwerer?

A: Der Ranzen wiegt jetzt ________ g.

Die Tasche wiegt jetzt ________ g.

Die Tasche ist um ________ g schwerer.

★ ②

Alle Mathematikbücher der dritten Klasse unserer Schule wiegen zusammen 40 kg. Kann das stimmen?

Ist es hier wichtig mit dem genauen Gewicht zu rechnen?

Anzahl Mathebücher	Gewicht
1	
2	

SB S. 88/89 und 92/93

1 Umfahre die Aufgaben, bei denen du wechseln musst. Rechne dann alle Aufgaben.

625 − 172

926 − 413

867 − 49

318 − 206

746 − 328

625 − 473

394 − 173

539 − 394

886 − 374

968 − 598

2 Rechne nur die Aufgaben, bei denen du wechseln musst.

438 − 251

372 − 191

874 − 663

748 − 491

624 − 353

623 − 317

528 − 165

712 − 441

656 − 245

915 − 744

3 Male die Kreise in der passenden Farbe aus.
Schreibe stellengerecht untereinander und rechne.

Z-Übergang | H-Übergang | kein Übergang | Z- und H-Übergang

○ 377 − 293

○ 864 − 39

○ 434 − 333

○ 676 − 89

○ 938 − 319

○ 426 − 63

SB S. 90/91

(1) Rechne.

607 − 372	709 − 453	690 − 438	528 − 306	430 − 288
870 − 334	418 − 203	660 − 417	701 − 502	550 − 167
930 − 642	606 − 420	771 − 508	506 − 428	440 − 151

(2) Male die Kreise in der passenden Farbe aus.
Schreibe stellengerecht untereinander und rechne.

Z-Übergang | H-Übergang | kein Übergang | Z- und H-Übergang

○ 901 − 48 ○ 431 − 208 ○ 505 − 98

○ 680 − 352 ○ 672 − 401 ○ 706 − 221

(3) Schriftlich oder im Kopf? Rechne.

502 − 497 = ______ 801 − 71 = ______ 1000 − 421 = ______ 570 − 103 = ______

604 − 290 = ______ 401 − 375 = ______ 808 − 455 = ______ 600 − 246 = ______

(1) Suche in jeder Aufgabe den Fehler. Verbinde mit dem passenden Tipp. Rechne richtig.

456 − 275 = 281	604 − 368 = 246	307 − 126 = 281

703 − 236 = 939	440 − 178 = 362	519 − 278 (Übertrag 1) = 797

(2) Rechne. Überprüfe mit der Umkehraufgabe. Rechne richtig.

923 − 587 = 336 → 336 + 587 =	761 − 413 = →	846 − 173 =
568 − 182 =	424 − 256 =	677 − 385 =

(3) Rechne.

436 − 287 =	573 − 164 =	803 − 307 =	621 − 450 =	928 − 433 =	749 − 508 =
643 − 217 =	781 − 624 =	315 − 97 =	963 − 519 =	728 − 305 =	604 − 263 =

Übung macht den Meister ⊖

SB S. 95

① Witzige Ergebnisse

777	856	988	412	663	864
− 543	− 178	− 532	− 289	− 96	− 519

② Rechne nur die 4 Aufgaben, deren Ergebnis zwischen 500 und 600 liegt.

947	713	881	644	789	887
− 381	− 137	− 295	− 281	− 245	− 176

③ Rechnen mit besonderen Zahlen

212	323	313	535	858	969
− 121	− 232	− 131	− 353	− 585	− 696

★ Erkennst du, wie die Zahlen aufgebaut sind? Bilde weitere Aufgaben.

−	−	−	−	−	−

Betrachte die Ergebnisse. Was fällt dir auf? ____________________

____

★ ④ Klecksaufgaben: Rechne. Überprüfe durch Nachrechnen.

5 4 □	9 2 4	□ 3 7	4 2 □	4 □ 9	8 □ 5
− 2 □ 3	− 7 □ □	− 3 □ 1	− 2 □ 0	− □ 7 □	− □ 5 □
2 7 2	1 6 2	1 5 6	1 6 2	1 4 4	1 9 5

□ □ □	2 □ 3	6 □ □	□ □ 1	6 4 □	3 1 8
− 6 6 7	− 1 6 □	− 1 8 6	− 5 7 □	− □ □ 4	− □ □ □
2 8 6	8 6	4 3 4	1 5 6	3 6 9	1 3 1

Nun bin ich fit bei ⊕ und ⊖

SB S. 96/97

① Schärfe deinen Zahlenblick. Ordne die Rechnungen zu. Überprüfe.
Rechne einfache Aufgaben im Kopf.

504 – 497

306 + 648 + 50

937 – 45

268 + 735

555 – 549

304 + 269 + 247

Ergebnis ungefähr 1000

Ergebnis kleiner als 10

Ergebnis zwischen 800 und 900

② Klecksaufgaben

2 4 □	□ 7 8	5 □ 1	5 4 □	9 □ 4	5 □ 2
+ 4 □ 3	+ 2 4 □	+ □ 9 9	– □ 8 6	– □ 6 1	– □ 6 □
□ 3 4	9 □ 7	7 2 □	2 □ 1	6 □	2 6 3

③

gekauft	Gesamtpreis	gegeben	Rückgeld
2 Bleistifte 1 Spitzer	______ €		______ €
1 Block 1 Malkasten	______ €		______ €
3 Bleistifte 1 Radiergummi 1 Block	______ €		______ €
2 Blöcke 1 Spitzer	______ €		______ €

Rechne hier oder auf deinem Block.

SB S. 98/99

Rechte Winkel und parallele Linien

1 Markiere in den Figuren rechte Winkel so:

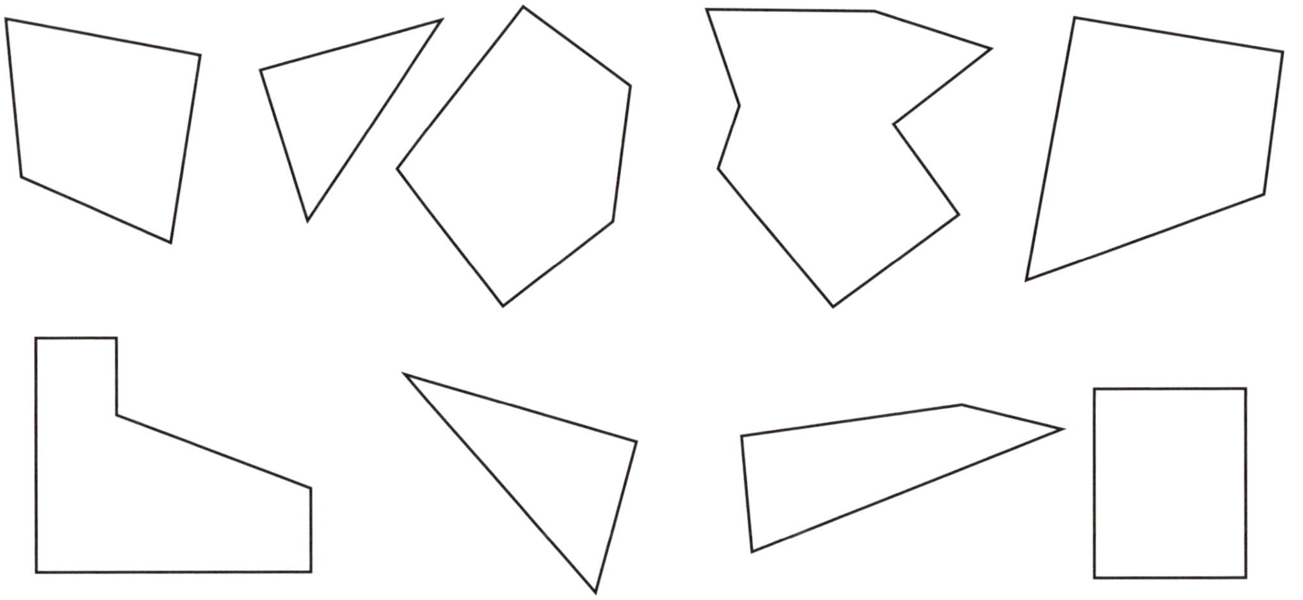

2 Welche Linien sind parallel? Kreise sie ein.

3

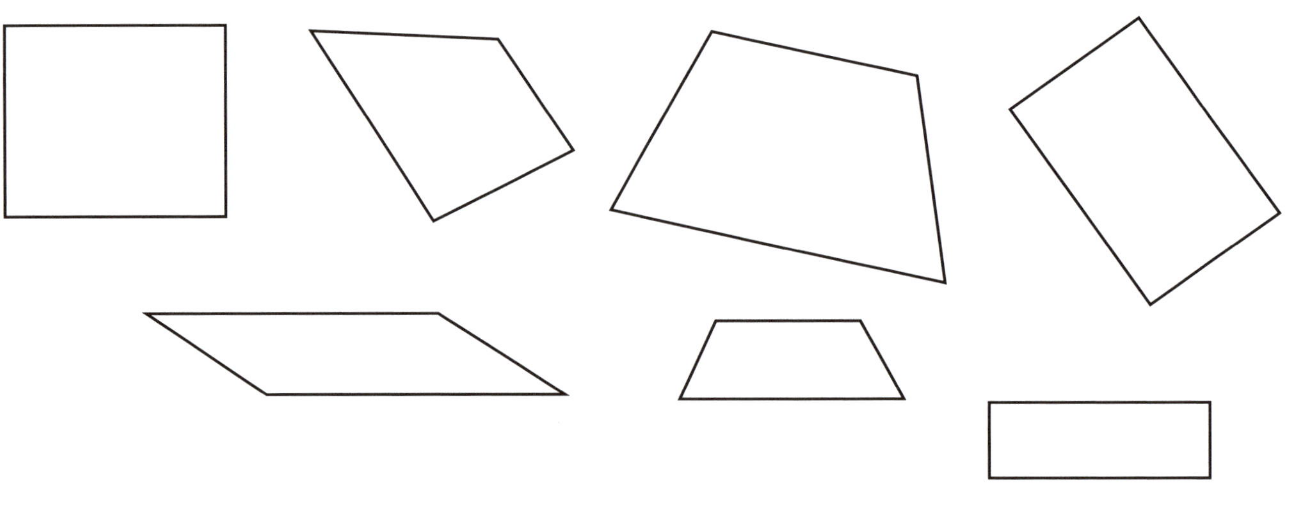

a) Markiere in den Figuren parallele Linien mit gleicher Farbe.
b) Markiere rechte Winkel so:
c) Male Parallelogramme orange aus.

Geldscheine

SB S. 100/101

① Wie viel Geld ist es?

____ €

____ €

____ €

____ €

② Welche Geldscheine können es sein?

180 €

300 €

120 €

400 €

③ Rätsel mit Spielgeld

a) Senay hat 3 Geldscheine. Wie viel Geld hat sie mindestens? Wie viel Geld hat sie höchstens?

b) Timor hat 500 €, 100 €, 50 €. Er legt einen Schein weg und nimmt einen größeren. Wie viel Geld könnte er jetzt haben?

c) Sascha hat 50 €, 50 €, 100 €. Er wechselt einen Schein in 3 kleinere. Welche Scheine hat er jetzt?

Schreibe ein Rätsel zu Geldscheinen in dein Heft.

① Leon spart für das Fahrrad 1. 137 € hat er bereits gespart. Seine Tante gibt ihm 50 € dazu. Er könnte jeden Monat 4 € von seinem Taschengeld sparen. Da am Fahrrad kein Licht montiert ist, braucht er noch ein Beleuchtungsset.

Rechne aus:

a) Gesamtpreis ______

b) vorhandenes Geld ______

c) fehlendes Geld ______

d) So lange muss er sparen: ______

② Wie lange müsste Leon für Fahrrad 2 sparen? Rechne wie bei 1 in deinem 📖.

A: ______

③ Monikas Vater macht die 3 Fahrräder für die Familie „frühjahrsfit". Jedes Fahrrad bekommt neue Fahrradmäntel. Ein Rad braucht ein neues Beleuchtungsset.

a) Wie viel muss er dafür im Fahrrad-Markt bezahlen?

A: ______

An der Kasse nimmt er Werkzeug für 9,90 € mit.

b) Wie viel kostet ihn sein Einkauf insgesamt?

A: ______

SB S. 104/105

(1) Immer ein Kilometer: Ergänze. Überprüfe mit der Umkehraufgabe.

1 km	
700 m	300 m
400 m	
	800 m
	200 m
900 m	

1 km	
350 m	
780 m	
	430 m
220 m	
	660 m

1 km	
451 m	
	338 m
722 m	
	546 m
912 m	

(2) Ergänze. Überprüfe mit der Umkehraufgabe.

1 km = _______ · 100 m

1 km = _______ · 200 m

1 km = _______ · 500 m

1 km = _______ · 250 m

(3) a) Ergänze die Tabelle.

	1 Minute	2 Minuten	5 Minuten	10 Minuten	20 Minuten
Fußgänger	50 m				
Jogger	250 m				
Schlange	200 m				
Pferd	500 m				
Gepard	2 km				
Schnecke	20 cm				

b) Wann erreicht jeder einen Kilometer? Du kannst auch auf deinem Block rechnen.

Fußgänger: ____________________ Jogger: ____________________

Schlange: ____________________ Gepard: ____________________

Pferd: ____________________ ☆ Schnecke: ____________________

(4) Katharina geht zu Fuß zu Mateja. Sie schafft 100 m in 2 Minuten.
Der Weg ist 1 km und 500 m lang. Wie viele Minuten braucht sie?

A: ____

Multiplizieren ⊙ und Dividieren ⊙ mit 10 und 100

① Rechne.

a)

6 · 10 = ____	4 · 10 = ____	5 · 100 = ____	80 · 10 = ____
6 · 100 = ____	40 · 10 = ____	50 · 10 = ____	8 · 10 = ____
60 · 10 = ____	4 · 100 = ____	5 · 10 = ____	8 · 100 = ____

b)

7 · ____ = 70	8 · ____ = 80	30 · ____ = 300	50 · ____ = 500
7 · ____ = 700	80 · ____ = 800	3 · ____ = 300	5 · ____ = 50
70 · ____ = 700	8 · ____ = 800	3 · ____ = 30	5 · ____ = 500

② Rechne Aufgabe und Umkehraufgabe.

500 : 1 = ____	500 · 1 = 500	600 : 10 = ____	____ · ____ = ____
500 : 10 = ____	____ · ____ = ____	600 : 1 = ____	____ · ____ = ____
500 : 100 = ____	____ · ____ = ____	600 : 100 = ____	____ · ____ = ____

③ Rechne.

· 10	
4	
	80
60	
	500

· 100	
	900
7	
	500
3	

: 10	
70	
	20
400	
	30

: 100	
900	
100	
	7
	4

④ Färbe den richtigen Weg. Kreise die Zielzahl ein.

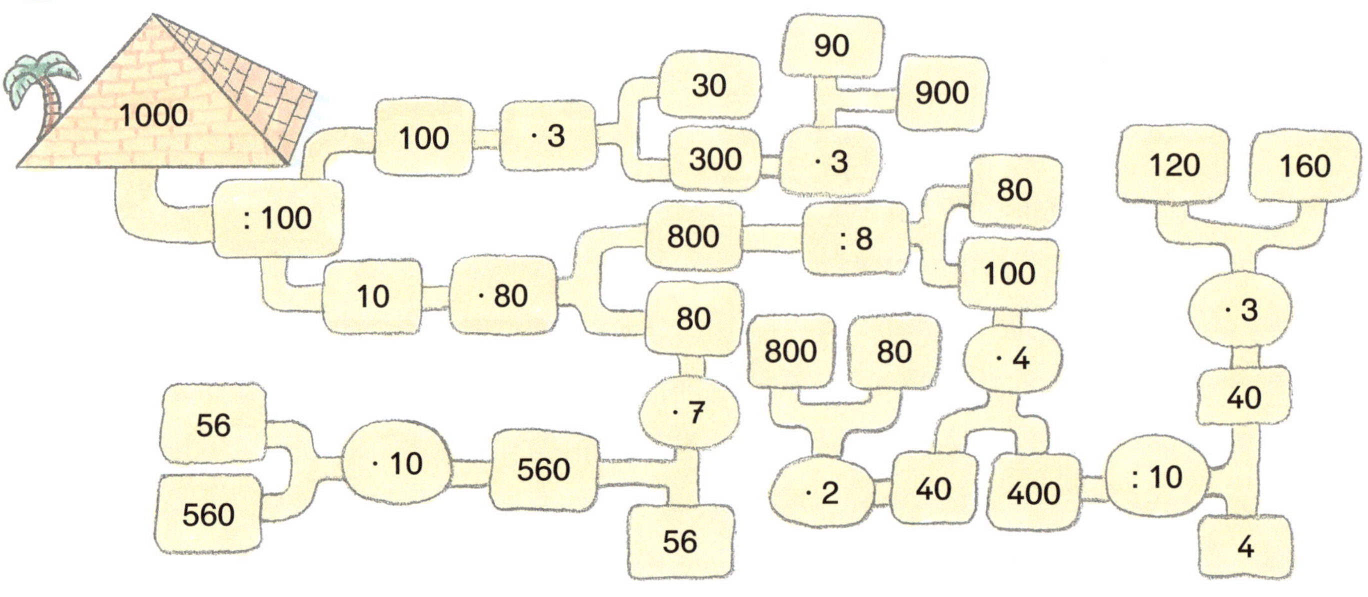

① Rechne.

4 · 6 = ___	6 · 7 = ___	9 · 5 = ___	3 · 7 = ___
4 · 60 = ___	6 · 70 = ___	9 · 50 = ___	3 · 70 = ___
40 · 6 = ___	60 · 7 = ___	90 · 5 = ___	30 · 7 = ___

② Rechne.

___ · 50 = 500	___ · 9 = 360	180 = ___ · 6	240 = ___ · 80
___ · 5 = 250	___ · 90 = 540	240 = ___ · 60	720 = ___ · 8
___ · 50 = 300	___ · 9 = 450	300 = ___ · 6	640 = ___ · 80
___ · 5 = 350	___ · 90 = 720	420 = ___ · 60	400 = ___ · 8

③ Rechne mit der Malaufgabe.

480 : 60 = ___	8 · 60 = 480	360 : 6 = ___	___ · ___ = ___
800 : 80 = ___	___ · ___ = ___	420 : 70 = ___	___ · ___ = ___
720 : 9 = ___	___ · ___ = ___	300 : 6 = ___	___ · ___ = ___

④ Schreibe drei verwandte Aufgaben auf.

72 : 8 = ___	63 : 7 = ___	54 : 6 = ___	49 : 7 = ___
720 : 8 = ___	630 : 7 = ___	540 : ___ = ___	490 : ___ = ___
720 : 80 = ___	___ : ___ = ___	___ : ___ = ___	___ : ___ = ___

⑤ a) Male die Aufgabenkärtchen in der passenden Farbe an.
Vorsicht: Vier Aufgaben bleiben übrig.

4 · 90 | 2 · 80 | 4 · 250 | 4 · 40 | 80 · 5

500 · 2 | 60 · 6 | 5 · 8 | 10 · 100 | 10 · 40 | 10 · 10

40 · 4 | 8 · 20 | 50 · 8 | 60 · 3 | 9 · 40

b) Finde für die leeren Kärtchen passende Malaufgaben.

1 Umfahre alle Aufgaben mit Übertrag. Rechne alle Aufgaben.

	8	5	6
+	4	2	7

	4	8	1
+	3	6	2

	2	4	8
+	4	4	1

	3	3	8
+	5	1	6

	7	6	5
+	1	5	6

2 Umfahre die Aufgaben, bei denen du wechseln musst. Rechne alle Aufgaben.

	6	2	5
–	1	7	2

	9	2	6
–	4	1	3

	8	6	7
–		4	9

	3	1	8
–	2	0	6

	7	4	6
–	3	2	8

3 Rechne.

6 · 1 = ____   4 · 10 = ____   5 · 100 = ____   8 · 100 = ____

6 · 10 = ____   4 · 100 = ____   5 · 1 = ____   8 · 10 = ____

6 · 100 = ____   4 · 1 = ____   5 · 10 = ____   8 · 1 = ____

700 : 100 = ____   800 : 100 = ____   200 : 100 = ____   480 : ____ = 48

400 : 10 = ____   600 : 100 = ____   900 : 10 = ____   200 : ____ = 2

4 Rechne.

4 · 6 = ____   6 · 7 = ____   72 : 8 = ____   63 : 7 = ____

4 · 60 = ____   6 · 70 = ____   720 : 8 = ____   630 : 7 = ____

40 · 6 = ____   60 · 7 = ____   720 : 80 = ____   ____ : ____ = ____

5 Tim wechselt [20 €] in drei kleinere Scheine.
Welche Scheine hat er jetzt? Trage ein.

[€]   [€]   [€]

6 Ergänze.

a)

1 kg = ________ g

$\frac{1}{2}$ kg = ________ g

$\frac{1}{4}$ kg = ________ g

b)

1 km = ________ m

1 km = ____ · 200 m

1 km = ____ · 250 m

1 Rechne.

	3	2	6
+	1	8	3

	8	1	8
+	1	6	1

	6	2	3
–	3	1	7

	5	2	8
–	1	6	5

	7	1	2
–	4	4	1

2 Klecksaufgaben

	3	5	6
+	■	■	7
	6	4	3

	6	6	■
+	3	■	9
	9	8	4

	1	■	7
+	4	9	■
	6	5	2

	5	4	■
–	2	■	3
	2	7	8

	9	2	4
–	7	■	■
	1	6	2

	■	3	7
–	3	■	1
	1	5	6

3 Rechne.

500 = ____ · 50 360 = ____ · 9 320 = ____ · 8 210 = ____ · 7

250 = ____ · 5 540 = ____ · 90 240 = ____ · 80 350 = ____ · 70

4 Rechne.

8 · 40 = ____ 9 · 30 = ____ 6 · 40 = ____

8 · 60 = ____ 9 · 70 = ____ 6 · 90 = ____

36 : 4 = ____ 56 : 7 = ____ 24 : 8 = ____

360 : 4 = ____ 560 : 7 = ____ 240 : 8 = ____

360 : 40 = ____ 560 : 70 = ____ 240 : 80 = ____

5 500 €. Welche Geldscheine können es sein? Trage ein.

a) b) c)

6 Schnelle Tiere: Wie viele km schafft jedes in …? Trage ein.

	$\frac{1}{2}$ h	1 h	2 h	3 h	3 h 30 min
Strauß		70 km			
Libelle		50 km			
Leguan		30 km			

Genaue und ungefähre Angaben

SB S. 116/117

(1) Wie gehören die Zahlen zusammen? Verbinde.

ca. 200	über 800	etwa 60	über 700
rund 700	etwa 350	über 70	ca. 400

697	839	186	59	407	723	342	72

(2) a) So hoch wachsen Bäume. Zeichne ein Diagramm.

Eibe	ca. 15 m
Eiche	ca. 20 m
Feldahorn	ca. 10 m
Fichte	ca. 30 m
Hasel	ca. 15 m

Kastanie	ca. 25 m
Kiefer	ca. 35 m
Tanne	ca. 40 m
Redwood-Baum (Amerika)	ca. 110 m
Sequoia-Baum (Amerika)	ca. 95 m

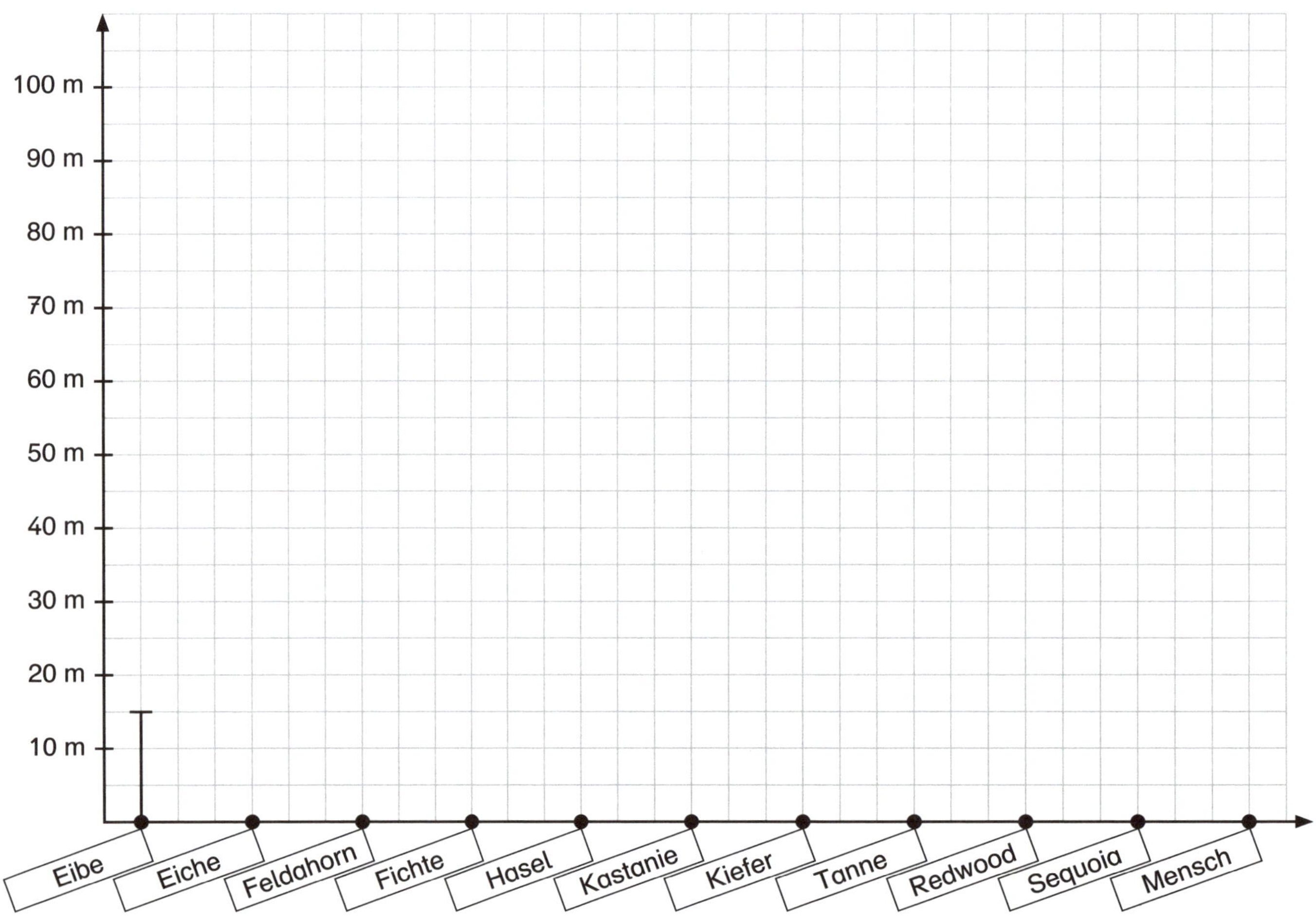

b) Wie groß ist in deinem Diagramm ein Mensch? Zeichne ein.

Den Umfang und die Fläche bestimmen

SB S. 118/119

(1) Zähle die Streichhölzer.
Welchen Umfang haben die Figuren?

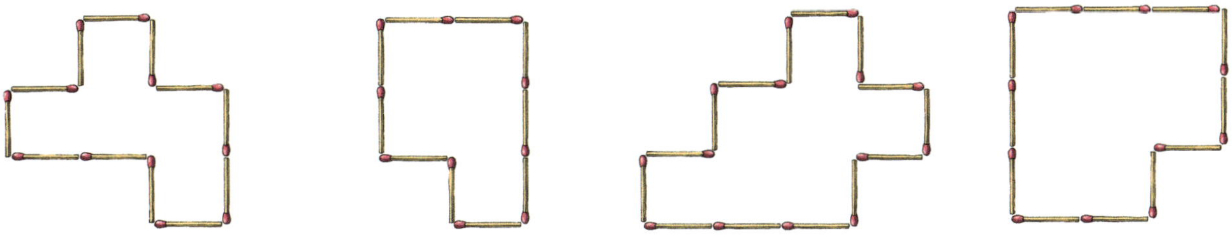

A: ____ B: ____ C: ____ D: ____

(2) Zähle die Kästchenlängen (KL).
Welche Figur hat den größten Umfang? Umfahre sie rot.

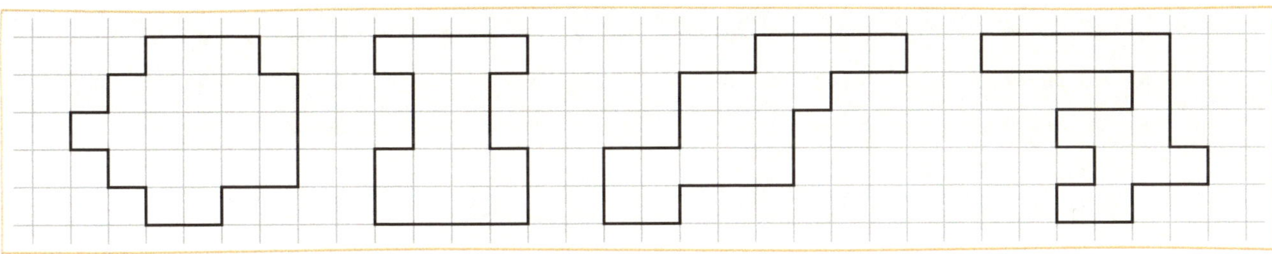

E: ____ KL F: ____ KL G: ____ KL H: ____ KL

(3) Unterteile in kleine Quadrate ☐.
Welche Figur hat die größte Fläche? Male sie blau an.

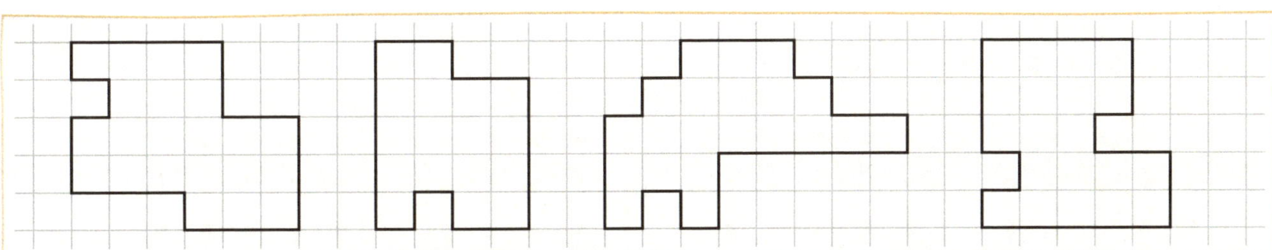

J: ____ ☐ K: ____ ☐ L: ____ ☐ M: ____ ☐

(4) a) Welcher Buchstabe hat den größten Umfang? Umfahre ihn rot.
b) Welcher Buchstabe hat die größte Fläche? Male ihn blau an.

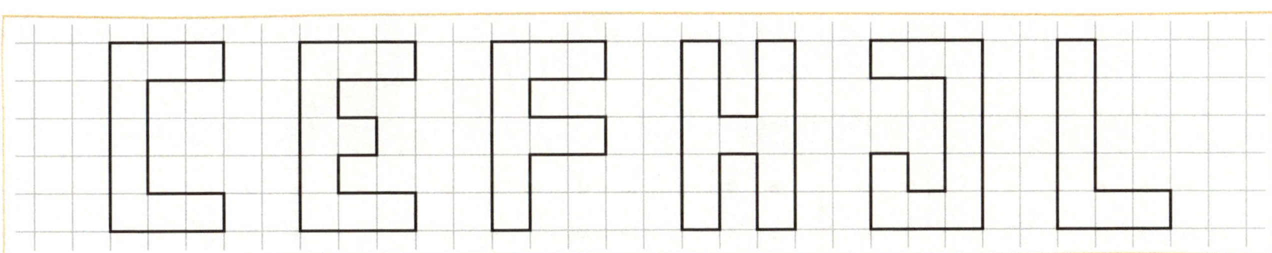

____ KL ____ KL ____ KL ____ KL ____ KL ____ KL

____ ☐ ____ ☐ ____ ☐ ____ ☐ ____ ☐ ____ ☐

Am Geobrett: Fläche, Umfang, Symmetrie

SB S. 120/121

Zwei Dreiecke ergeben auch ein Quadrat □!

(1) Wie groß sind diese Flächen? Miss mit kleinen Quadraten aus.

A B C D

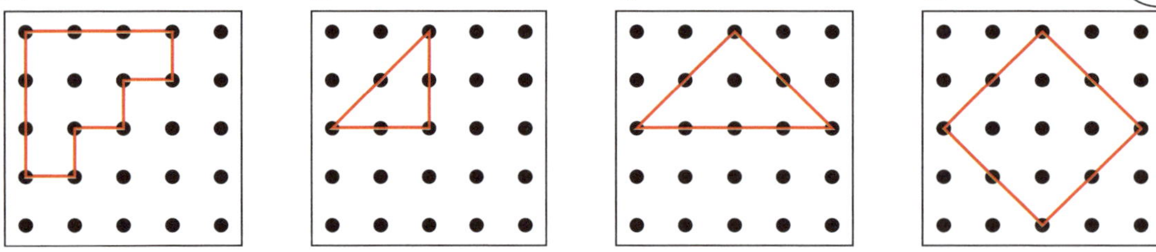

____ □ ____ □ ____ □ ____ □

E F G H

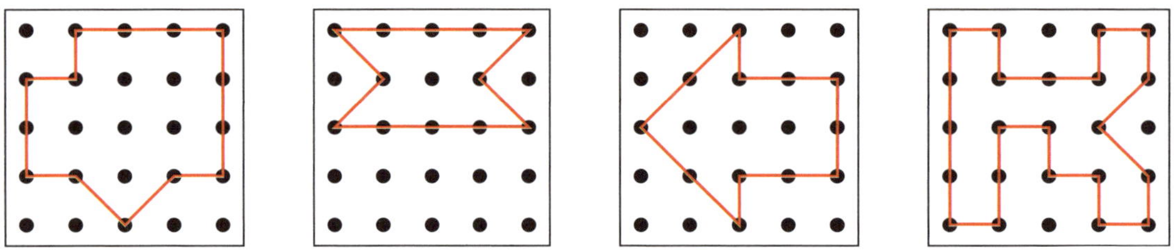

____ □ ____ □ ____ □ ____ □

Die größte Fläche hat Figur ____.

Den Umfang kann man durch die Anzahl der Kästchenlängen (KL) bestimmen.

(2) Welche Figur hat den kleinsten Umfang?

Ich vermute: Es ist Figur ____.

A B C D

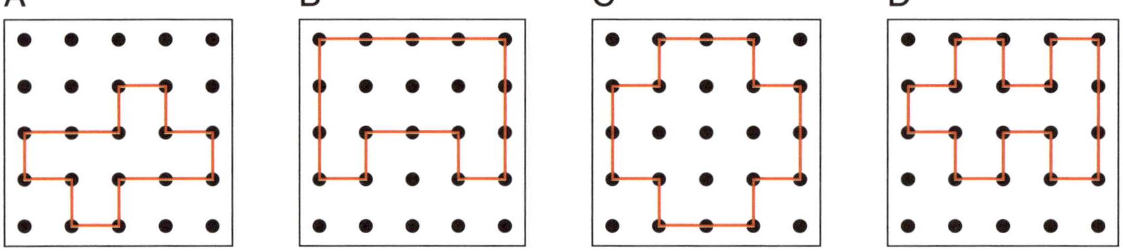

____ KL ____ KL ____ KL ____ KL

Ich habe es überprüft: Es ist Figur ____.

(3) Ergänze die Figuren symmetrisch.

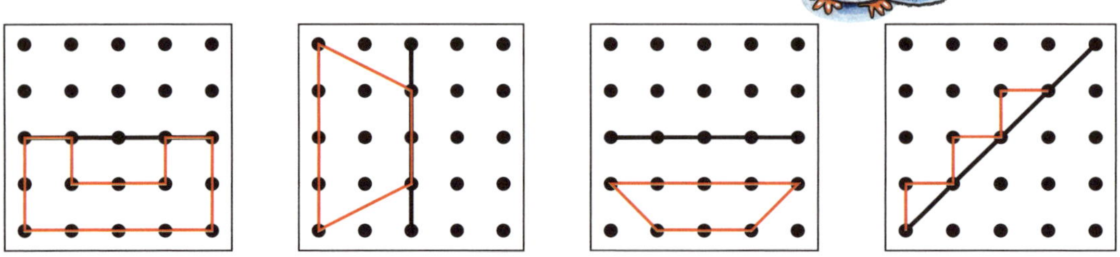

SB S. 122

(1) Setze ein: 1 | 2 | Kästchen | doppelte

Maßstab 2 : 1 heißt: Ich zeichne 2 Kästchen für ____ Kästchen.

Ich zeichne 4 ________________ für ____ Kästchen.

Ich zeichne immer die ________________ Länge.

(2) Zeichne im Maßstab 2 : 1.

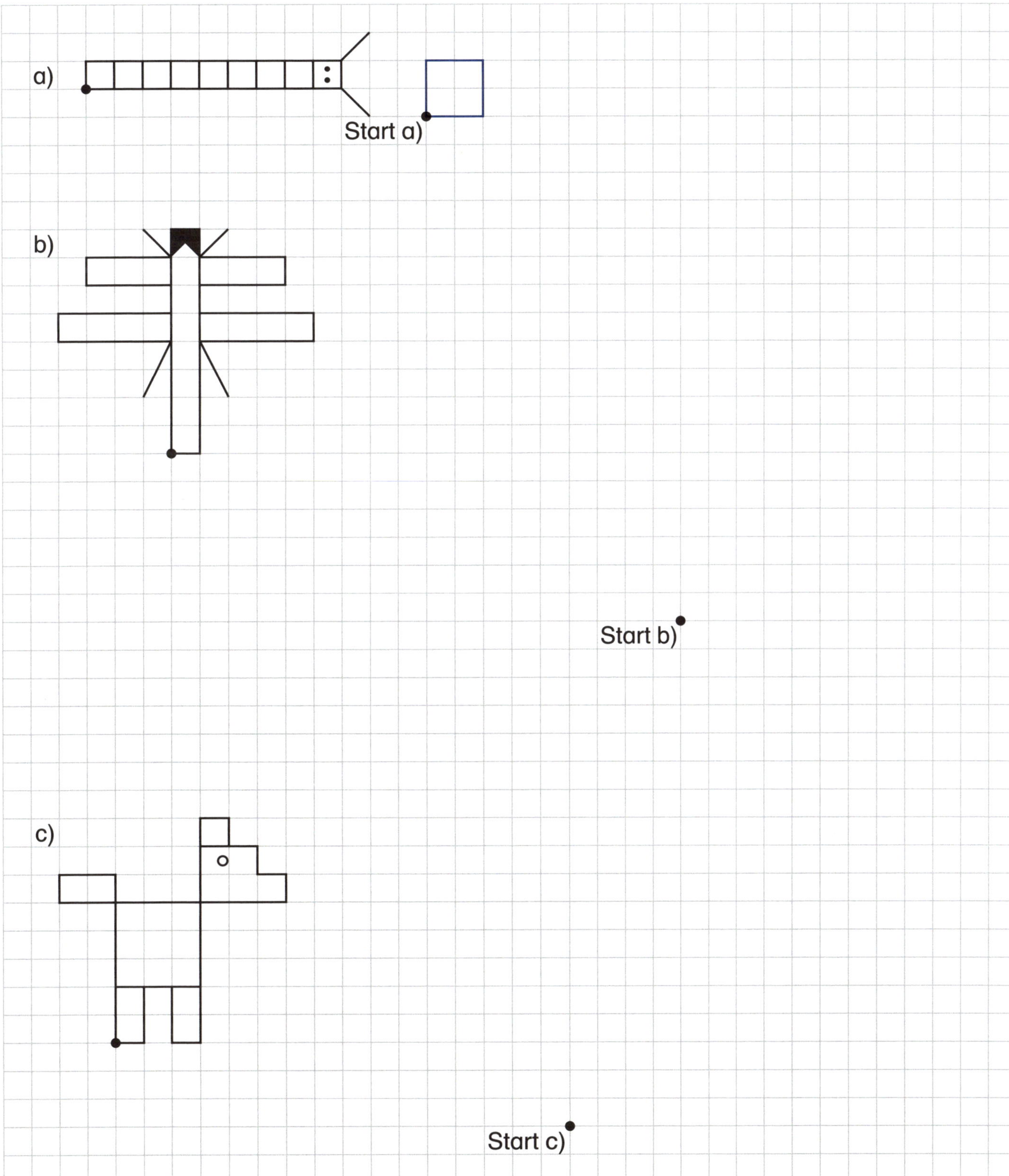

Verkleinern

SB S. 123

① Setze ein: 1 2 4 halbe

Maßstab 1:2 heißt: Ich zeichne ____ Kästchen für 2 Kästchen.

Ich zeichne ____ Kästchen für ____ Kästchen.

Ich zeichne immer die ________________ Länge.

② Zeichne im Maßstab 1:2.

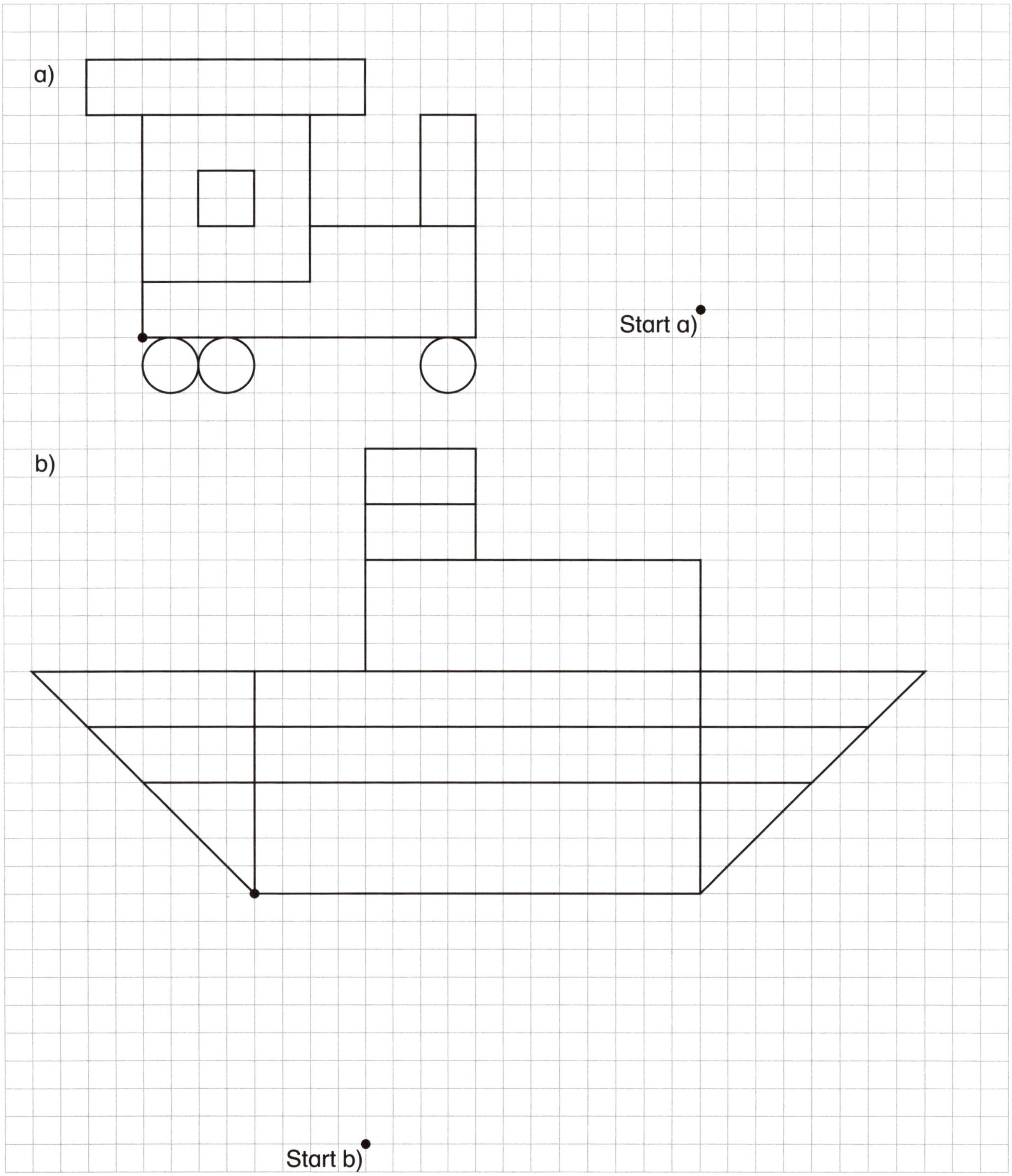

SB S. 124/125

1 Vergrößere die Grundsteine immer um 1 und rechne.

a)	7, 13, 8	8, 14, 9	
b)	30, 24, 17	31, 25, 18	
c)	230, 45, 355		

d) Wie verändern sich die Zielsteine? Erkennst du das Muster?

____

____

____

2 Berechne jeweils die erste Mauer. Erhöhe die Grundsteine gleichmäßig, sodass du den Zielstein erreichst.

a)	Grundsteine: 3, 8, 5	Zielstein: 28	Zielstein: 36
b)	Grundsteine: 26, 12, 10	Zielstein: 68	Zielstein: 76
c)	Grundsteine: 320, 84, 112	Zielstein: 608	Zielstein: 648
☆ d)	Grundsteine: 70, 120, 110	Zielstein: 500	Zielstein: 620

Überschlagen und überprüfen

SB S. 126/127

① Welche Überschläge passen am besten? Male an.

a)	453 + 151 + 386	400 + 200 + 400	400 + 100 + 300	500 + 200 + 400
b)	291 + 185 + 417	200 + 100 + 400	300 + 200 + 400	300 + 200 + 500
c)	367 + 158 + 275	400 + 100 + 300	400 + 200 + 300	300 + 100 + 200
d)	613 + 86 + 256	600 + 100 + 250	600 + 200	600 + 100 + 300
e)	508 + 79 + 187	500 + 200	600 + 100 + 200	500 + 100 + 200

Rechne nun genau. Vergleiche mit dem Überschlag.

a)

```
  4 5 3
  1 5 1
+ 3 8 6
-------
```

b) c) d) e)

② Zwei Ergebnisse sind falsch. Finde sie durch den Überschlag. Streiche sie durch, rechne.

a) 281 + 355 = 536

b) 524 + 336 = 860

c) 1000 – 687 = 423

③ Richtig [r] oder falsch [f]? Überprüfe mit der Umkehraufgabe.

```
  6 5 3          4 3 5
– 2 1 8   →    + 2 1 8
-------        -------
  4 3 5   ☐
```

```
  8 1 4
– 6 8 5   →
-------        -------
  1 8 9   ☐
```

```
  4 5 6
+ 2 7 5   →
   1 1
-------        -------
  7 3 1   ☐
```

```
  2 8 7
+   9 8   →
    1
-------        -------
  2 8 5   ☐
```

Sekunden – Minuten – Stunden

SB S. 128/129

① Wandle um.

1 Stunde = _____ Minuten
1 halbe Stunde = _____ Minuten
1 Viertelstunde = _____ Minuten
1 Dreiviertelstunde = _____ Minuten

1 Minute = _____ Sekunden
1 Tag = _____ Stunden
120 Sekunden = _____ Minuten
90 Minuten = ____________________

② Wandle um.

60 s = _____ min
180 s = _____ min
300 s = _____ min

$\frac{1}{2}$ h = _____ min
$\frac{3}{4}$ h = _____ min
$\frac{1}{4}$ h = _____ min

90 min = _____ h _____ min
140 min = _____ h _____ min
75 min = _____ h _____ min

③ Ergänze.

15 min + _____ min = 1 h
30 min + _____ min = 1 h
45 min + _____ min = 1 h

12 s + _____ s = 1 min
38 s + _____ s = 1 min
47 s + _____ s = 1 min

④ Wie lange dauert es? Berechne die Zeitspannen.

a) Kino
Beginn: 13.45 Uhr
Ende: 16.07 Uhr
Dauer der Vorstellung:
_____ Stunden _____ Minuten

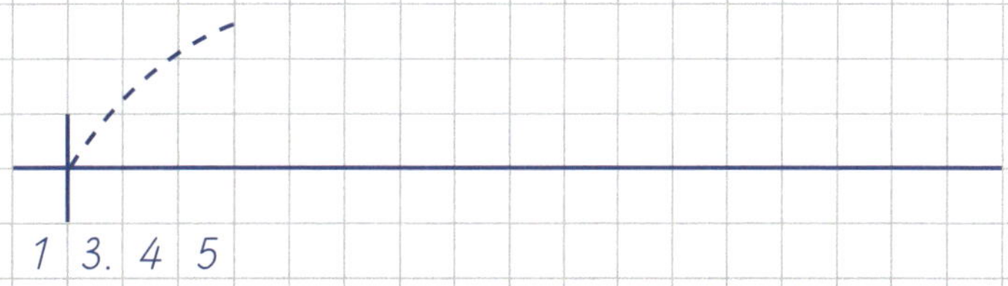

b) Zugfahrt
Abfahrt: 9.17 Uhr
Ankunft: 14.12 Uhr
Fahrtdauer:
_____ Stunden _____ Minuten

c) Wanderung
Start: 8.30 Uhr
Ende: 12.25 Uhr
Dauer der Wanderung:
_____ Stunden _____ Minuten

⑤ Gestalte eine Merkseite zu Sekunden – Minuten – Stunden in deinem 📖.

Eine Reise nach Berlin

Nürnberg → Berlin Hbf
Fahrplanauskunft

Ab	Gleis	Umst.	An
09.33	7	1	14.21
10.05	6	2	15.21
12.00	5	2	17.08

Ab	Gleis	Umst.	An
12.35	3	2	18.07
13.06	7	0	18.05
14.35	6	1	19.25

① a) Wie lange dauern die Fahrten von Nürnberg nach Berlin jeweils?

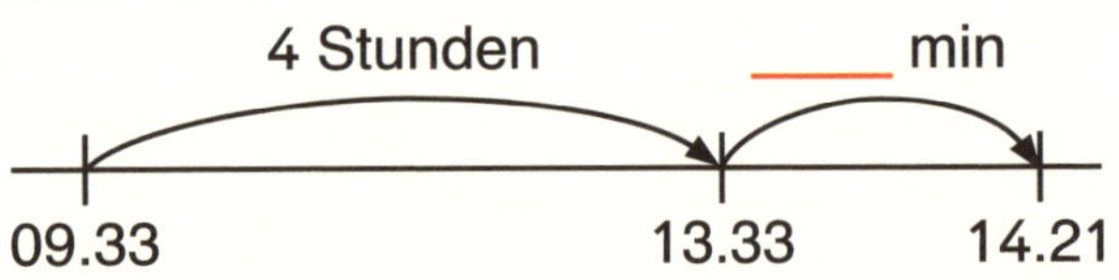

Fahrtdauer: ____ Stunden ____ Minuten

10.05

Fahrtdauer: ____ Stunden ____ Minuten

Fahrtdauer: ____ Stunden ____ Minuten

Fahrtdauer: ____ Stunden ____ Minuten

Fahrtdauer: ____ Stunden ____ Minuten

Fahrtdauer: ____ Stunden ____ Minuten

b) Berechne den Zeitunterschied zwischen der kürzesten und der längsten Fahrzeit.

____

② Frau Müller will um 18.30 Uhr in Berlin sein. Wann muss sie spätestens in Nürnberg losfahren? ______________________________

③ Herr Böhmer fährt mit dem Auto. Er fährt um 9.30 Uhr in Nürnberg los und kommt um 14.45 Uhr in Berlin an. Vergleiche mit der Bahn.

____

____

Parkette ①

SB S. 132/133

① Setze die Parkette fort.

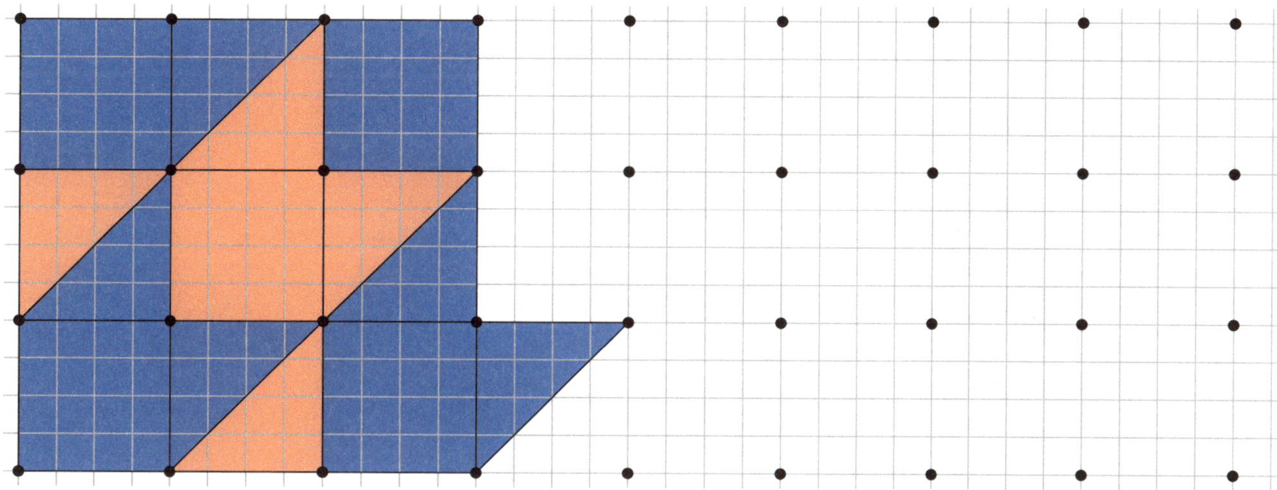

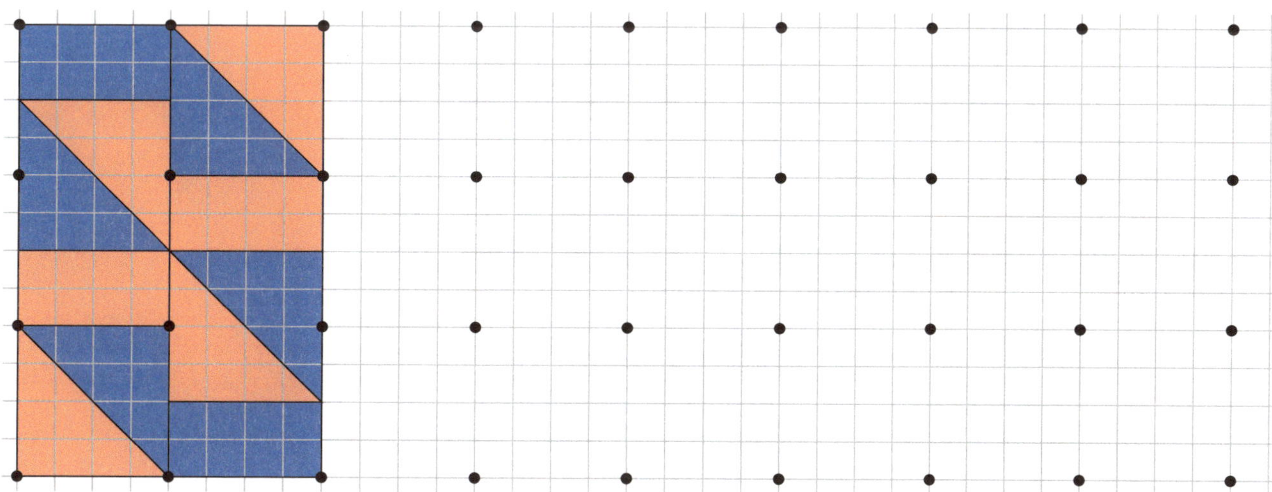

② Setze das Parkett fort.

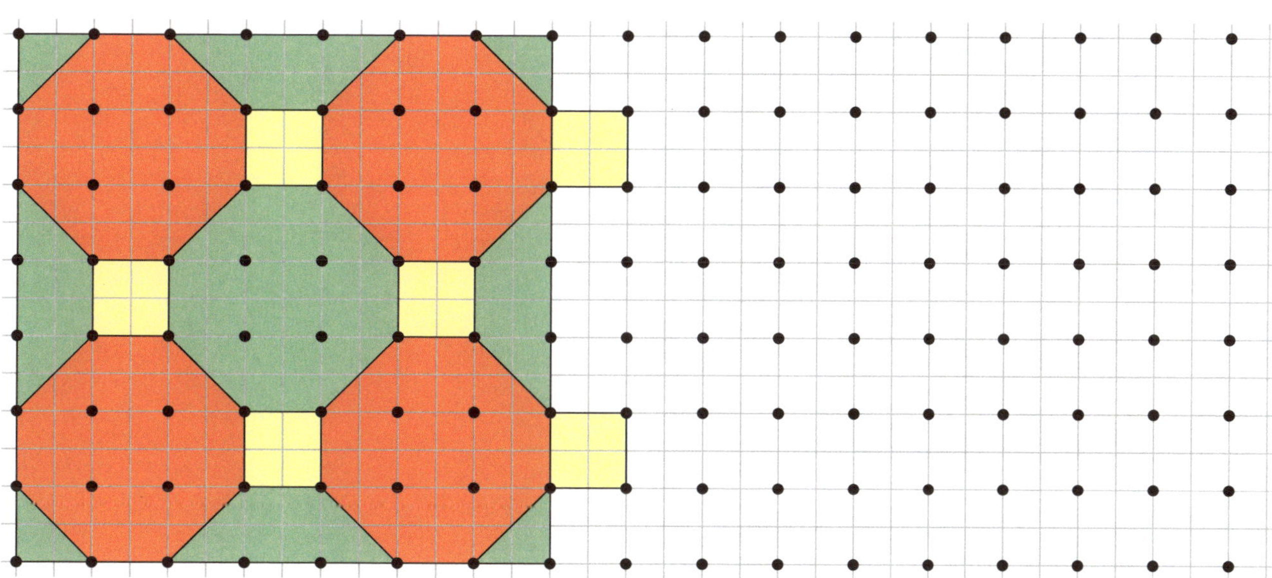

SB S. 132/133

① Setze die Parkette fort.

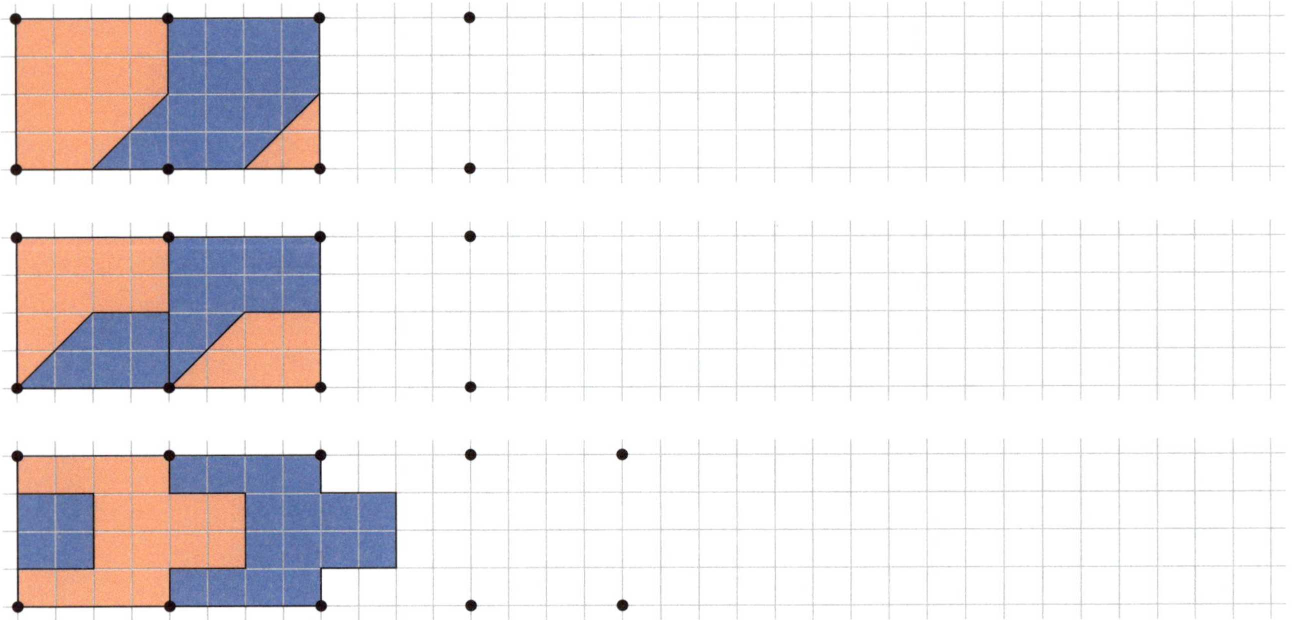

② Vom Quadrat zum Frosch: Setze das Parkett fort.

☆ ③ Vom Quadrat zum Riesenrochen: Setze das Parkett fort.

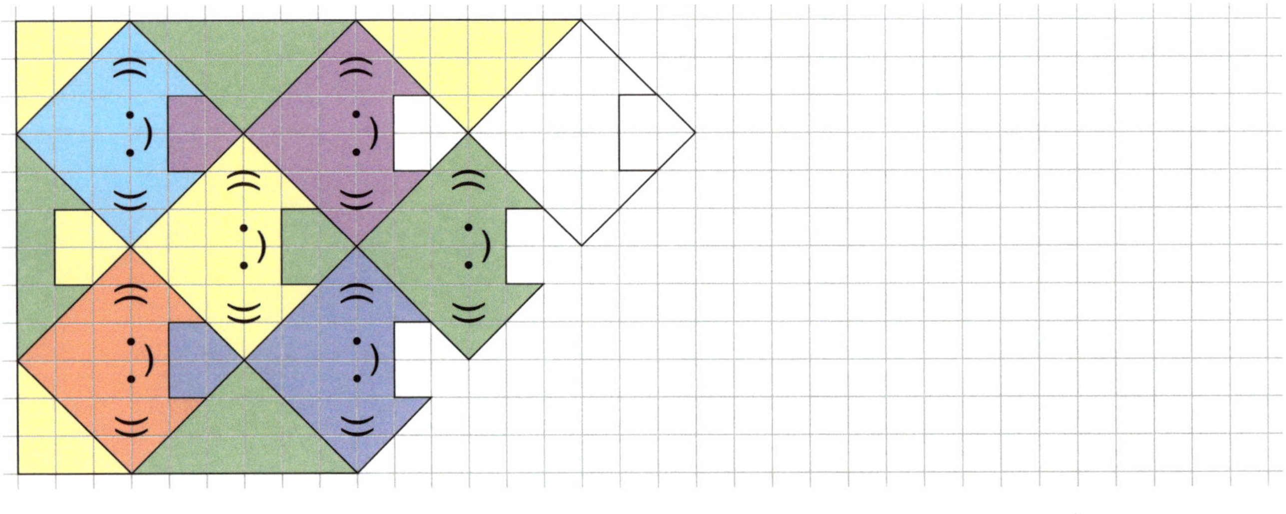

Male selbst Parkette in dein 📖.

SB S. 134/135

1 Wie heißen die Zahlen?

H	Z	E
●●●●	●●	●●●●●●

4 H __ Z __ E = ____

H	Z	E
●●●●		●●●●

__ H __ Z __ E = ____

2 Rechne.

a)

3 · 9 = ____
4 · 7 = ____
5 · 5 = ____

4 · 8 = ____
4 · 6 = ____
4 · 4 = ____

7 · 5 = ____
7 · 10 = ____
7 · 7 = ____

9 · 3 = ____
9 · 6 = ____
9 · 9 = ____

b)

72 : 9 = ____
36 : 9 = ____

63 : ____ = 9
56 : ____ = 8

360 : 10 = ____
360 : 60 = ____

1000 : 10 = ____
1000 : 20 = ____

3 Schriftlich addieren

```
  285     519     609     489     543
+ 324   + 214   + 215   + 122   + 457
-----   -----   -----   -----   -----
```

4 Schriftlich subtrahieren

```
  634     725     543     986    1000
- 321   - 216   - 152   - 297   - 245
-----   -----   -----   -----   -----
```

5 Gib den Umfang und die Fläche an.

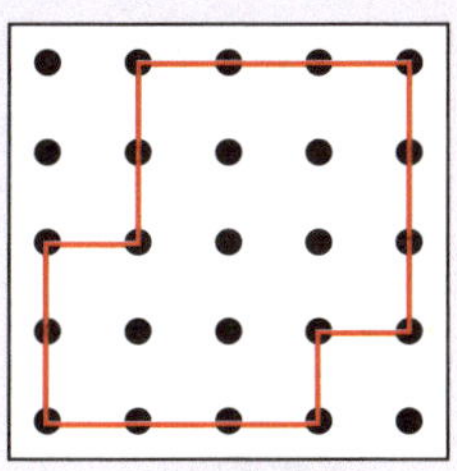

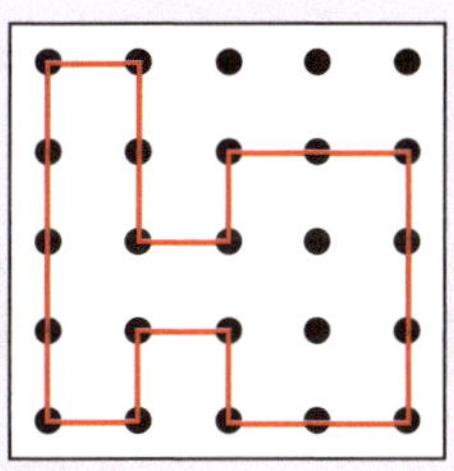

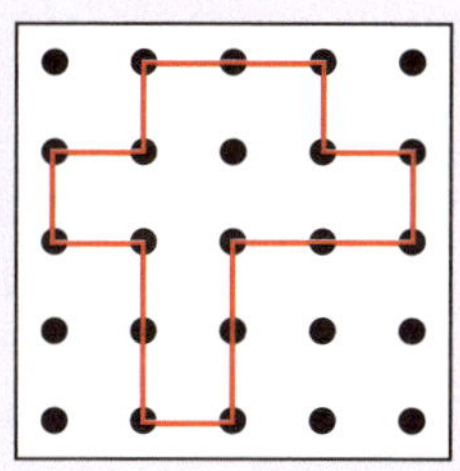

Umfang: ____ KL ____ KL ____ KL

Fläche: ____ ☐ ____ ☐ ____ ☐

1 Rechne.

a)
36 : 4 = ___
360 : 40 = ___
370 : 40 = ___

b)
48 : 8 = ___
480 : 80 = ___
500 : 80 = ___

c)
54 : 6 = ___
540 : 60 = ___
550 : 60 = ___

2 Rechne.

6 7 3	5 5 5	9 3 1	6 4 2	9 6 3	4 7 6
+ 2 8 8	+ 2 8 2	− 5 5	− 2 7 9	− 2 1 6	+ 3 5 3

3 Ergänze symmetrisch. Gib Umfang und Fläche der ganzen Figur an.

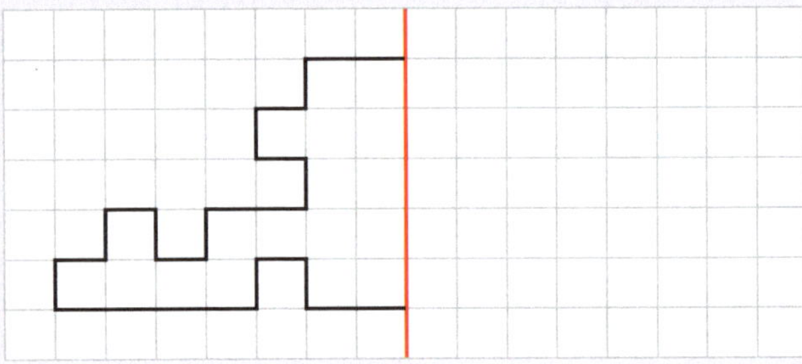

Umfang: ___ KL
Fläche: ___ ☐

4 Auf welchem Weg findet jeder Geist zu seiner Flasche? Rechne und verbinde.

50 · 7 = 350
315 + 45 = ___
432 + 43 = ___
350 + 38 = 388
40 · 7 = ___
475 + 65 = ___
320 : 40 = ___
360 : 9 = ___
540 : 60 = ___
388 − 68 = ___
280 + 54 = ___
630 + 90 = ___
8 · 70 = ___
334 + 66 = ___
9 · 70 = ___